날씨수치예보개론

날씨수치예보개론

초판 1쇄 발행 2025년 11월 20일

지은이 이동규·차동현

펴낸곳 서울대학교출판문화원
주소 08826 서울 관악구 관악로 1
도서주문 02-889-4424, 02-880-7995
홈페이지 www.snupress.com
페이스북 @snupress1947
인스타그램 @snupress
이메일 snubook@snu.ac.kr
출판등록 제15-3호

ISBN 978-89-521-3887-3 93450

An Introduction to Numerical Weather Prediction

날씨수치예보개론

이동규·차동현 지음

서울대학교출판문화원

머리말

이 책은 대기과학에 관심이 있는 학생들에게 대기 수치예보의 기초 지식을 제공하기 위해 저술하였다. 공동 저자 두 사람이 서울대학교와 울산과학기술원에서 각각 강의한 수치예보 및 모델링 I·II, 고급기상수치모델링 과목의 내용을 통합하여 책으로 엮은 것이다.

수치모델은 대기의 복잡한 물리계를 수학 및 계산과학적 방법으로 표현하며, 실제 대기에서 일어나는 미규모 물리 현상부터 대규모 대기운동까지 다양한 규모의 대기 현상을 고성능 컴퓨터를 이용해 모의한다. 수치예보는 수치모델을 기반으로 현재와 과거의 대기 상태와 운동을 분석하여 미래의 대기 상태와 운동을 예측하는 분야다. 1950년대부터 지금까지 수치모델의 이론과 방법, 대기과학의 관측 기술, 컴퓨팅 및 자료저장 기술이 비약적으로 발전하여 대기 수치모델은 다양한 기상예보 모델과 응용 모델들로 확장·발전되었다.

날씨예보에 대한 관심이 높아지고 대기과학에서 수치예보의 중요성이 커지고 있지만, 대학 과정의 교재는 물론 일기예보 실무를 위한 한국어로 된 개론서가 없는 실정이다. 대기 현상에 대한 수치예보 분야는 대기과학, 수학, 물리학, 컴퓨터 과학을 아우르는 융합과학 영역이므로 대기의 수치예보 및 모델링 분야뿐만 아니라 기상학과 기후학 관련 분야의 전문가에게도 수치예보의 기초 지식을 이해하는 것이 요구된다. 따라서 이 책은 대기 수치예보 분야의 기초 지식이 필요한 전공자뿐 아니라 실무자 그리고 대기과학과 연관된 분야에 종사하는 비전공자들도 활용할 수 있도록 서술하였다.

이 책은 총 9장으로 이루어져 있다. 제1장은 대기 수치예보의 개념과 수치모델의 발전 역사를, 제2장은 대기를 지배하는 역학 방정식계와 수치예보를 위한 근사 방정식계의 특징과 기상 현상에 적용될 범위를 설명한다. 제3~5장과 제7장은 대기 방정식의 수치해를 구하기 위해 적용되는 수치 해법들에 대해 수식을 통해 소개하며, 간단한 방정식에 적용하여 얻은 수치해의 결과를 분석한다. 제6장은 수치모델의 골격인 기초적 격자 시스템과 경계조건을 다룬다. 제8장은 대기 방정식계를 구성하는 중요한 물리 과정으로서 대기경계층, 수분, 복사에 대한 기본 과정을, 제9장은 수치예보를 위한 관측자료의 분석, 모델 입력자료의 초기화 및 자료동화, 대기 예측성의 개념을 설명한다. 이 책을 효과적으로 활용하기 위해 일반기상학, 대기역학, 미적분학, 선형대수학의 기초 지식이 필요할 수 있다.

이 책의 원고를 상세히 읽고 수정과 조언을 해주신 전종갑 교수님과 서명석 교수님께 깊이 감사드린다.

2025년 10월

저자 일동

차례

제9장 자료 분석과 초기화

부록

제1장 서론

제1절 | 수치예보의 개념

대기의 수치모델(Numerical Model)은 수학적 방법으로 정량적 해를 구하는 수학 시스템으로서, 지구 대기의 물리계(Physical System)를 모의하고 예측하는 소프트웨어 시스템이다. 지구 대기를 모의하고 예측하기 위해 지구 대기의 상태와 운동을 수학 방정식과 물리 과정을 기반으로 만든 수치모델에서 정량적 해를 구한다. 지구 대기의 상태와 운동을 표현하는 방정식들은 비선형 수학 방정식과 복잡한 물리 과정을 포함하므로 수치모델은 하나의 복잡계다. 복잡계는 일반적으로 수많은 요소로 구성되어 그들 사이의 상호작용으로 집단적 성질이 나타난다. 따라서 날씨 수치예보(Numerical Weather Prediction, NWP) 분야에서는 수학해 또는 해석해를 얻기가 거의 불가능하다. 이러한 이유에서 날씨를 수치적 해법으로 예측하는 수치모델은 필수이고, 이를 통해 얻어진 수치해를 바탕으로 지구 대기의 역학계와 물리계를 이해하고 예측한다.

대기의 물리계를 해석하는 방법에는 이론모델(수학모델), 실험실모델, 관측모델(개념모델), 수치모델 등이 있다. 이론모델은 대기의 물리계에 대한 해를 수학적 방법 또는 해석을 통해 구하는 방법이다. 실험실모델은 실험실에서 대기의 물리계를 축소 제작하여 실험을 통해서 해를 얻는 방법이다. 관측모델은 관측을 통해 얻은 자료를 토대로 대기의 물리계를 개념적으로 표현하는 방법이다. 수치모델은 대기의 역학과 물리계를 수학 방정식으로 표현하고 수치 방법으로 계산하여 해를 얻는 방법이다. 이 방법들은 모두 대기의 물리계를 이해하는 근사적 방법으로서 상호보완적 관계가 있다. 대기의 운동을 간단히 나타낸 준지균 방정식계는 이론모델로서 3차원 대규모 운동계를 근사적으로 표현한다. 지구의 자전과 남북 온도 차이로 인해 발생하는 대기 파동을 실험하는 회전실험(Dishpan Experiment) 장치는 실험실모델의 대표적인 예다. 관측 자료를 체계적으로 분석하여 저기압계의 구조 또는 뇌우의 성장 과정을 도식화한 모델은 전형적인 개념모델에 해당한다. 대기의 물리계가 대부분 비선형으로 구성되고 복잡한 과정을 포함하더라도 수치모델은 초기자료와 경계조건에 따라서 해석해를 구할 수도 있다. 이와 같은 이론모델, 수치모델, 관측모델, 실험실모델의 상호보완적 관계를 통해 실제 대기의 물리계를 체계적으로 이해할 수 있다.

그러나 해석해를 제외하면 다른 방법들은 제한된 조건과 전제에 따라 해를 얻기 때문에 한계가 있다. 수치해는 계산 과정에서 발생하는 오차를 포함하므로 정확한 해로 간주하기 어렵다. 실제 대기 현상의 물리계는 연속체(Continuous Matter)이지만 수치모델의 물리계는 일정 간격을 가지는 점들로 구성되는 불연속체(Discontinuous Matter)로 표현된다. 따라서 점과 점 사이의 작은 간격($\triangle$)에 존재하는 값을 알 수 없거나 생략한다. 해석해는 이러한 작은 간격($\triangle$)이 존재하지 않는 연속체의 정확한 해이고 수치해는 이러한 간격($\triangle$)이 아주 작더라도 항상 존재하는 근사적 해다. 수치해를 얻기 위해 아무리 많은 점을 사용하더라도 그 간격은 0이 되지 않는다($\triangle \neq 0$). 또한 그 간격이 아주 작아 연속체에 가까운 결과를 얻을 수 있더라도, 수치해에서는 불필요한 작은 파생물과 잡음이 포함될 가능성이 있다. 그러므로 비록 수치모델의 수치해가 해석해와 비슷하더라도 오차를 포함하므로 정확한 해일 수 없다. 따라서 수치모델에서 구한 수치해는 항상 오차를 가지며 그 오차가 허용되는 범위에서 또는 가정하에서 유효한 해로 간주된다. 계산 과정에서 발생하는 작은 간격($\triangle$) 또는 불필요한 파 또는 잡음으로 인한 오차를 최소화하여 안정적인 수치해를 구하는 것이 수치모델의 목적이다.

실세계(Real World)의 지구 규모 또는 국지(Local) 규모의 대기를 다루는 수치모델은 실제 대기 현상과 운동을 이해하고 예측하는 도구이고, 실제 대기의 현상을 하나의 물리계로 가정하고 수치해를 구하는 과정은 여러 단계를 거친다. 먼저, 수치모델을 만들기 위해 실제 문제를 반영하는 자연법칙을 적용하고 이를 표현하는 관련 수학 방정식을 세운다. 그런 다음 수치모델에 적용할 수학 방정식과 관련 조건을 정립하고 수치해를 계산할 수 있도록 컴퓨터 알고리즘을 설계한다. 다음으로, 설계된 알고리즘을 기반으로 컴퓨터에서 프로그램 코드를 계산하여 수치해를 구한다. 이 과정에서 수치해가 주어진 실제 문제의 해인지 검증하는 단계가 필수다. 만일 계산된 수치해가 실제 문제를 제대로 모의한 결과로 검증되지 않으면 관련 단계들의 방정식, 조건, 알고리즘, 계산을 다시 검토하고 조정하여 실제 문제에 부합하는 결과를 얻을 때까지 단계들을 반복한다. 이러한 과정을 통해 얻은 해가 바로 실제 문제를 모의한 모델 세계(Model World)의 해로 간주된다(그림 1.1).

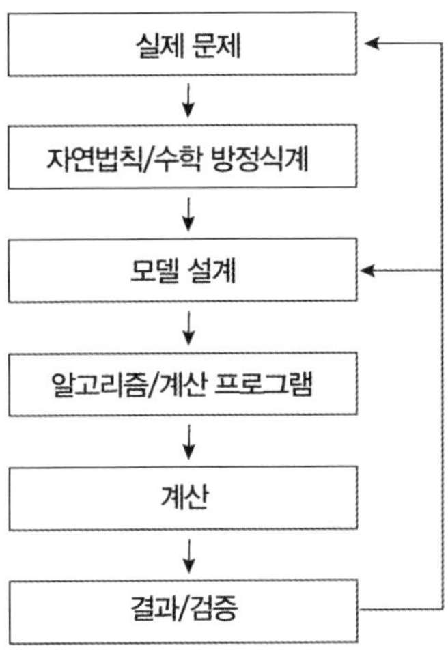

그림 1.1 실제 문제에 대하여 수치모델에서 수치해를 구하는 과정.
수치모델을 계산한 후 결과와 검증이 실세계와 부합하지 않는 경우, 모델의 설계를 검토하고 다시 계산하여 결과를 얻고 검증한다. 그렇게 하여도 실세계와 부합하지 않으면 실세계의 문제를 다시 이해하고 설계한다.

대기의 수치모델은 복잡한 물리계의 수학적 표현으로서 수치모델의 목적과 용도에 따라 역학 과정, 복사 및 화학 과정, 구름 및 수문 과정, 대기경계층 과정, 해양 및 지면 과정 등을 포함한다(그림 1.2). 예를 들어 비가 내리는 현상을 모의한 수치모델은 미규모(Micro-scale) 물리에서부터 대규모(Macro-scale) 운동에 이르기까지 모든 과정을 통합하여 결과를 산출한다. 수치모델을 사용하여 지구 또는 국지 규모에서 대기의 현재와 과거의 상태와 운동에 기초하여 미래의 상태와 운동을 예측하는 분야가 수치예보(Numerical Prediction)이고, 수치모델을 제작하는 방법과 기술적 과정이 수치모델링(Numerical Modeling)이다.

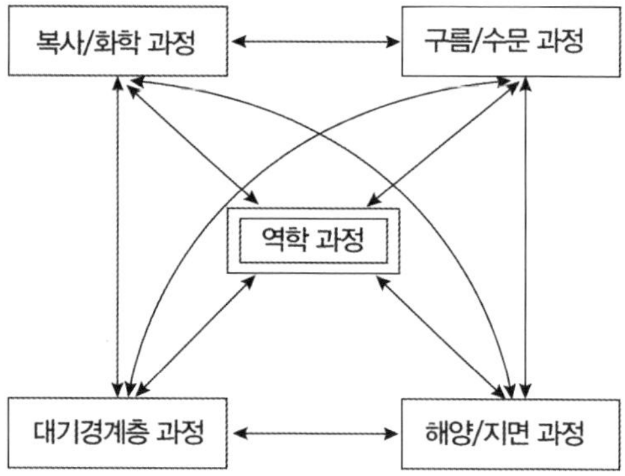

그림 1.2 대기의 수치모델을 구성하는 핵심 과정과 그 과정들 사이의 관계. 수치모델의 핵심인 역학 과정과 여러 물리 과정이 각각 서로 직접 관계한다. 각 물리 과정 내에도 복잡한 물리 과정들이 존재하고 또 서로 관계한다.

제2절 | 대기 수치모델의 발전

1949년 J. Charney, R. Fjørtoft, J. von Neumann 등이 세계 최초의 컴퓨터 ENIAC(Electronic Numerical Integrator and Computer)을 이용해 아주 단순화한 대기 방정식계를 작성하고 최초로 정량적 날씨예측을 성공적으로 수행하였다. 그 이전인 20세기 초에 스웨덴의 Vilhelm Bjerknes는 대기를 지배하는 방정식계를 작성하고 초기조건과 경계조건을 주어 풀면 날씨를 과학적인 방법으로 예측할 수 있음을 제안하였다. 이 아이디어에 기초하여 1922년 영국 기상학자 Lewis Fry Richardson이 대기를 지배하는 거의 완전한 방정식계에 초기조건과 경계조건을 주고 연 6,000여 명이 약 3개월 동안 계산해야 할 방대한 계산량인 서유럽 지역에 대한 12시간 지상 저기압을 혼자서 계산하였다. 그러나 Richardson은 당시의 어려운 환경 속에서도 정확한 방정식계를 세우고 수집한 관측 자료를 사용하여 계산했음에도 불구하고 성공적인 해를 얻지 못하였다(Lewis Fry Richardson의 방정식계는 부록 I 참고). 계산 과정에서 음파 등 고주파와 잡음이 증폭되어 기상학적으로 의미 있는 대기 파동을 파괴할 수 있다는 것을 이해하지 못했기 때문이다.

그 이후 관측 기술과 계산 능력이 향상되면서 1950년대에는 대규모 운동계, 소규모 운동계, 대류계 등을 모의할 수 있는 단순화된 수치모델들이 개발되었고, 이를 통해 수치해를 구하는 데 성공하였다. 1960년대에는 미국 기상학자 Norman Phillips 등은 대기를 지배하는 원시 방정식계(Primitive Equation System)에 기반한 수치 모델을 개발하여 기상 예측 자료를 생산하고 공식적 수치예보 자료를 제공하였다. 이후 수학자이자 기상학자인 Edward Lorenz는 수치모델에 입력되는 자료가 오차를 포함하거나 수치모델 자체가 완벽하지 못하여 오차를 유발하기 때문에 날씨를 예측하는 수치예보 모델의 예측성이 10일에서 2주 수준임을 제시하였다. 초기의 날씨 수치예보 모델이 계속 발전할 수 있었던 배경에는 라디오존데 관측, 인공위성 관측, 컴퓨팅 기술 등의 발달이 중요한 역할을 했다. 더욱 정확한 기상예보를 위해서는 다양한 관측, 자료 처리, 빠른 계산, 대용량 자료 저장장치 등의 기술이 필수 요건이기 때문이다.

1964년에 최초의 슈퍼컴퓨터 CDC(Control Data Corporation) 6600이 1메가플롭스(1 Mega Flops, 1초당 10^6번의 부동소수점 연산)의 계산 성능을 가지고 탄생하면서 거의 모든 대기 현상을 수치모델에서 해석하고 예측할 수 있게 되었다. 이후 슈퍼컴퓨터는 기가(Giga, 10^9), 테라(Tera, 10^{12}), 페타(Peta, 10^{15}) 플롭스 성능으로 지속적으로 향상되었고 현재는 엑사(Exa, 10^{18}) 플롭스의 계산 성능으로 발전하였다. 이와 같은 슈퍼컴퓨터의 계산 및 자료 저장 성능의 향상에 영향을 받아 기상 수치모델도 고해상도 역학 코어, 정교한 물리 과정, 다양한 관측 자료의 이용 방법들이 개발되어 날씨의 예측성이 향상되었다(그림 1.3). 가까운 미래에 초슈퍼컴퓨팅 개념의 양자컴퓨터 시대가 도래할 것으로 기대되고 있다.

컴퓨팅 기술과 관측 기술이 계속 발전하면서 수치모델의 관심 대상에 따라 난류모델, 중규모모델, 구름모델, 태풍모델, 기후모델, 대기오염모델, 수문모델, 도시모델, 육지모델, 해양모델, 아이스캡모델, 에어로졸모델, 대기화학모델, 생태계모델, 성층권모델 등이 나타났다. 수치모델은 주로 대기 현상의 규모에 따라 중규모모델, 제한지역모델, 전구모델 등으로, 또 예측 시간에 따라 초단기모델, 단기모델, 중기모델, 장기모델, 계절모델 등으로 구분한다. 수치모델의 수치계산 해법에 따라 유한차분 모델, 스펙트럼 모델, 유한요소 모델 등이 있다. 수치모델의 계산, 자료 처리, 자료 저장 능력이 허용되는 범위와 수치모델을 이용할 목적과 응용에 따라 다양한 모델이 계속 등장하였다. 최근에는 수치모델을 기반으로 예측 시간의 단절 없이 분 단위에서 계절까지 예측하려는 이음새 없는 예측(Seamless Prediction) 방법을 개발

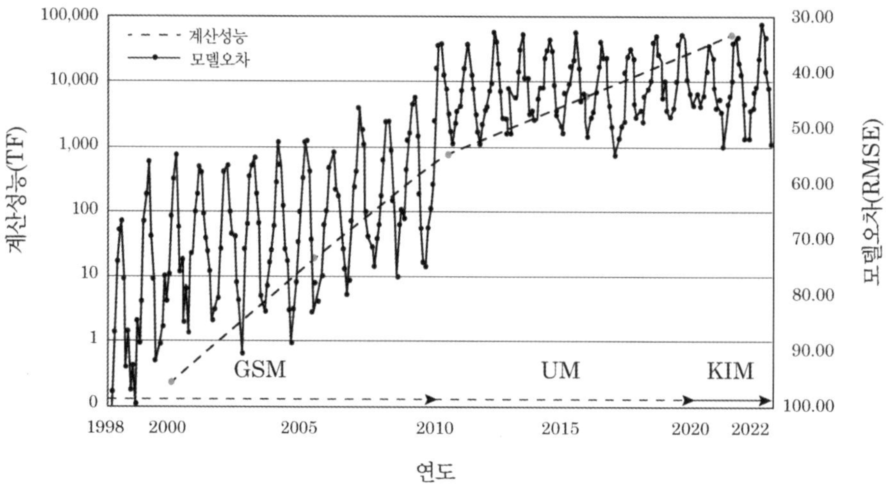

그림 1.3 슈퍼컴퓨터 성능과 전구 수치모델 예측성의 진화(기상청 수치모델링센터). 과거 20년 동안 한국 기상청의 슈퍼컴퓨터 성능 향상과 예측에 사용한 GSM(Global Spectral Model), UM(Unified Model), KIM(Korean Integrated Model) 전구 중기예보 모델의 예측성 관계가 뚜렷하게 나타난다.

하고 있다. 또 대기권, 수권, 빙권, 지권, 생물권을 포괄하는 지구 시스템 모델(Earth System Model)의 개발에도 역량을 집중하고 있다.

현재 대표적 예측 수치모델의 예를 들면 ECMWF(European Centre for Medium-range Weather Forecasts)와 WRF(Weather Research and Forecasting model)가 있다. 또 기후 모의 및 기후변화 예측을 위해 미국 국립과학재단(NSF) 산하 연구개발센터인 NCAR(National Center for Atmospheric Research)에서 개발한 CCM(Community Climate Model)이 있다. 한국은 2011년부터 9년 동안 자체 기술로 세계 7위권의 전구 중기예보 모델인 KIM(Korean Integrated Model)을 개발하여 예보에 활용하고 있다(그림 1.3).

연습문제

1) 실제 현상을 모의하기 위해 수치모델을 제작할 때 가장 중요한 과정은 무엇이라고 생각하는지 서술하시오.

2) 지구 시스템 모델은 지구의 대기권, 수권, 빙권, 지권, 생물권을 포함한다. 지구 시스템 모델의 권역별 현상이 변화하는 시간 규모를 제시하시오.

제2장

대기 모델 방정식계

제1절 | 대기 모델 방정식

대기 모델을 만들기 위해서는 우선 대기를 지배하는 방정식계의 원리를 이해해야 한다. 실세계를 수치모델의 모델 세계로 완전하게 표현하는 것은 거의 불가능하다. 수치모델의 기본 개념은 실세계를 지배하는 수학 방정식과 물리 과정의 원리와 근사 방법을 이해하고 설계하는 것으로 시작한다. 완전하지 않고 근사적인 모델 세계의 수치모델 시스템에는 닫힌계(Closed System)의 조건을 주어서 해를 구하는 것이 보통이다.

모델 방정식계에 적용하는 기본 물리 법칙은 뉴턴의 운동방정식, 질량보존방정식(연속방정식), 열역학 제1법칙(열역학방정식), 수분보존방정식, 대기의 물 상태방정식, 에디 운동방정식, 복사 법칙 등이 있다. 이들 기본 물리 법칙에 따른 대기의 운동과 관련된 물리적 작용에는 대기의 이류(Advection), 기압 경도, 에디 응력과 혼합, 지구 자전에 의한 좌표축 회전, 공기 압축과 팽창, 비단열 과정 등이 포함된다.

대기 방정식계에서 질량은 보존된다고 정의한다. 대기 방정식의 공간에서 기압 차이로 발생하는 기압 경도력, 지구 자전에 의한 코리올리(Coriolis) 힘, 공기의 점성에 의한 에디 응력과 혼합은 대기 방정식계의 주요 강제력이다. 대기의 이동 속도에 의해 대기의 성질이 변화하고(이류 과정), 공기의 압축성에 의해서 대기가 변화하며(압축/팽창 과정), 계(System)의 외부에서 가해지는 열과 수분의 출입으로 대기가 변화한다(비단열 과정).

또 대기를 표현하는 방정식계는 대규모 운동계에서부터 분자 상태를 포함하는 미규모 운동계에 이르기까지, 또 지구 규모에서 국지 규모에 이르기까지의 기상 현상을 포함하는 넓은 스펙트럼의 물리 과정으로 구성된다.

제2절 | 대기의 여과 방정식계

대기의 여과 방정식계(Filtered Equation System)는 방정식계를 구성하는 물리적 성분(또는 모드) 중에서 수학적 근사를 통해 해에 영향을 적게 끼치는 성분을 제거한 방정식계다. 대기의 방정식계에서 일반적으로 관심을 가지는 시간 규모의 대기 운동보다 짧은 성분을 제거하기 위해 다양한 수학적 근사를 적용한다. 예를 들어 종관규모 운동계에서는 정역학 근사를 적용하여 음파를 제거하고 준지균 근사를 적용하여 빠른 속도의 대기 중력파를 걸러 내어 효과적으로 해를 구한다. 여과 방정식계를 사용한 수치모델을 여과 수치모델(Filtered Numerical Model)이라 하고, 모든 구성 성분을 포함하면 비여과 수치모델(Unfiltered Numerical Model)이라 한다.

1) 거의 완전한 대기역학 방정식계

대기를 지배하는 방정식을 표현하기 위해 보통 시간(t)과 공간(x, y, z)의 직교좌표계(z-좌표계)를 사용한다. 이 좌표계에서 표현되는 대기 방정식계는 대기를 거의 완전하게 표현할 수 있다고 하여 '거의 완전한' 대기역학 방정식계라 한다. 이 방정식계에서 연직성분의 코리올리 힘은 아주 작기 때문에 무시하고, 대기의 성분 변화가 없고, 중력을 상수로 취급하는 등 대기 현상을 표현하는 데 크게 영향을 미치지 않는 범위에서 단순화를 적용한다. 그렇지만 이 방정식계는 대기에서 발생하는 모든 파동을 포함할 수 있다. 이 파동에는 에너지가 아주 작은 음파가 포함되는데, 그 에너지는 아주 작더라도 수치해를 구하는 과정에서 증폭하여 기상학적 해를 구하는 데 방해가 된다. 거의 완전한 대기역학 방정식계에서는 음파가 발생한다.

방정식의 표현에서 편의상 함수 $u(x,y,z,t)$의 미분을 $u_t = \frac{\partial u}{\partial t}$, $u_x = \frac{\partial u}{\partial x}$, $u_{xx} = \frac{\partial^2 u}{\partial x^2}$, $u_{xy} = \frac{\partial^2 u}{\partial x \partial y}$ $\cdots$ 등으로 표현한다. 직교좌표계 또는 고도좌표계(z-좌표계)에서 수평성분인 동서성분과 남북성분 속도는 각각 $u = \frac{dx}{dt}$, $v = \frac{dy}{dt}$ 이고, 연직성분 속도는 $w = \frac{dz}{dt}$ 이다. 수치모델은 종속변수의 총변화를 시간과 공간의 변화로 분리해서 표현하여 예측방정식 또는 진단방정식에 활용하는데, 이러한 분리 방법은 방정식계를 근사적으로 표현하는 데 도움이 된다.

대기역학 방정식계의 운동방정식, 연속방정식, 열역학방정식, 수분보존방정식, 상태방정식, 온위의 정의를 거의 완전한 대기역학 방정식계로 표현하면

$$u_t + uu_x + vu_y + wu_z = -\frac{1}{\rho}p_x + (f + \frac{u\tan(\phi)}{a})v - \frac{uw}{a} + FX \quad (2.1)$$

$$v_t + uv_x + vv_y + wv_z = -\frac{1}{\rho}p_y - (f + \frac{u\tan(\phi)}{a})u - \frac{vw}{a} + FY \quad (2.2)$$

$$w_t + uw_x + vw_y + ww_z = -\frac{1}{\rho}p_z - g + \frac{u^2 + v^2}{a} + FZ \quad (2.3)$$

$$\rho_t + u\rho_x + v\rho_y + w\rho_z = -\rho(u_x + v_y + w_z) \quad (2.4)$$

$$T_t + uT_x + vT_y + wT_z - \frac{1}{\rho c_p}(p_t + up_x + vp_y + wp_z) = \frac{1}{\rho c_p}Q$$

$$[\theta_t + u\theta_x + v\theta_y + w\theta_z = \frac{\theta}{c_p \rho T}Q] \quad (2.5)$$

$$q_t + uq_x + vq_y + wq_z = M \quad (2.6)$$

$$p = \rho RT \quad (2.7)$$

$$\theta = T(\frac{p_0}{p})^{\frac{R}{c_p}} \tag{2.8}$$

이다. 여기서 T 온도, p 기압, ρ 밀도, q 수분, f 코리올리 파라미터, ϕ 위도, g 중력가속도, a 지구반경, 그리고 *FX*, *FY*, *FZ*는 각각 (x, y, z)성분의 마찰력, *Q* 열원, *M* 수증기원, θ 온위, p_0 기준기압(보통 1,000hPa 사용), R 기체상수, c_p 정압비열이다. 이 방정식계는 직교좌표계(x, y, z)를 사용하여 대기를 표현하는 7개의 종속변수(u, v, w, p, ρ, T, q)로 구성된다. 이 방정식계는 마찰력, 열원, 수증기원과 같은 물리 과정을 알고 초기조건과 경계조건을 주면 풀 수 있는 7개 방정식으로 구성된 닫힌계다. 이 방정식계에서 종속변수로 온도 대신 온위(Potential Temperature)를 사용할 수 있는데, 그러면 열역학방정식인 식 (2.5)의 두 번째 방정식이 온위를 변수로 하여 닫힌계를 이루게 되며, 이를 위해 온위의 정의인 식 (2.8)을 포함해야 한다.

이 방정식계에는 지구 대기의 운동을 제어하는 2개의 자연 파라미터(Natural Parameter)가 포함된다. 그 파라미터는 수평성분의 운동과 규모를 제어하는 코리올리 파라미터(f)와 연직성분의 운동과 규모를 제어하는 중력가속도(g)다. 이 두 파라미터는 대기 방정식계에서 대체로 상수로 사용되는데, 대류권에 적용하는 수치모델은 중력가속도를 상수로, 위도 함수인 코리올리 파라미터를 대기의 수평운동 규모에 따라 상수 또는 비상수로 사용한다. 또 밀도는 대규모 운동에서 주로 상수로 간주하지만, 대류가 강한 연직성분 운동에서는 중력과 함께 공기의 부력을 결정하는 주요 변수가 되기도 한다.

식 (2.1)과 식 (2.2)는 수평성분 운동방정식으로서 오른편 항들은 수평성분 기압경도력, 코리올리 힘, 마찰력, 지구의 곡률 효과를 포함한다. 식 (2.3)은 연직성분 운동방정식으로서 오른편 항들은 연직성분 기압 경도력, 중력, 마찰력, 지구의 곡률 효과를 포함한다. 식 (2.4)는 연속방정식으로서 물질의 생성과 소멸이 없다는 질량보존을 의미하므로 오른편 항은 물질의 수렴과 발산으로만 표현되어 질량의 보존을 표현한다. 식 (2.5)는 열역학 제1법칙으로서 온도와 기압의 총변화량을 공간과 시간성분으로 풀어 놓은 것이고 오른편 항은 계에 들어오고 계에서 나가는 열량을 나타낸다. 식 (2.6)은 수분보존방정식이며 오른편 항은 계에 유입되거나 계에서 유출되는 수분량을 표현한다. 식 (2.7)과 식 (2.8)은 각각 식 (2.1)~식 (2.6)이 닫힌계가 되도록 포함되어야 하는 공기의 상태방정식과 온위의 정의다.

종속변수들은 시간 변화율을 나타내는 미분(방정식들의 첫째 항과 열역학방정식의 기압 변화율)으로 표현되며, 이는 대기의 미래 상태를 예측할 수 있는 형식으로서 예단변수(Prognostic Variable)라 하고 예측방정식계의 표현이 된다. 식 (2.1)~식 (2.6)의 왼편 둘째, 셋째, 넷째 항들은 비선형으로서 변수들의 운동 또는 물질의 이류 과정을 나타낸다. 이류항은 대기 운동 과정에서 물질 또는 변수의 관성(Inertia) 효과를 반영하며, 비선형이 존재하기 때문에 예측방정식을 계산하는 데 특히 주의가 필요하다. 이러한 비선형 항들은 수치 방법에서 비선형 불안정을 유발하여 오차를 발생시킬 수 있으므로, 수치해를 구할 때 정확한 계산이 요구된다.

2) 비탄성(Anelastic) 역학 방정식계

이 방정식계는 연속방정식에서 밀도의 국지적 공간 변화 또는 시간 변화를 무시한다. 즉, 밀도의 국지적 압축이나 팽창이 없다는 의미다. 따라서 연속방정식에서 $\frac{\partial \rho}{\partial t}=0$이 된다. 또 밀도는 공간의 평균($\rho_0$)과 그 평균으로부터의 편차($\rho'$)의 합으로 구성된다고 가정하며, 이때 공간 평균은 수평 방향의 변화는 없고 연직 방향의 변화만 있다고 가정한다. 온도와 기압도 이와 같이 가정하면 밀도, 온도, 기압은 각각

$$\rho = \rho_0(z)+\rho'(x,y,z)$$

$$T = T_0(z)+T'(x,y,z)$$

$$p = p_0(z)+p'(x,y,z) \tag{2.9}$$

와 같이 표현된다. 식 (2.9)의 오른편 첫째 항들이 연직 변화를 나타낸다는 것에 주목할 필요가 있다. 이러한 가정을 적용한 비탄성 방정식계는 부록 III에 제시되어 있다. 이 방정식계의 특징은 연속방정식에서 공간 평균 밀도의 연직 변화율이 속도의 발산과 진단 관계로 표현된다는 것이다. 식 (2.4)의 연속방정식에서 공간 평균의 연직성분만을 $w(\rho_0)_z$라고 나타낼 수 있으므로, 즉 밀도의 연직성분 변화율에서 평균 상태의 변화만 고려한다면, 연속방정식은

$$w(\rho_0)_z = -\rho_0(u_x + v_y + w_z) \tag{2.10}$$

이 된다. 식 (2.10)의 밀도는 예단변수가 아니기 때문에 비탄성 방정식계의 예단변수는 5개로 줄어든다. 비탄성 성질을 가지는 이 방정식계는 음파를 제거한다. 규모 분석(Scale Analysis)에서 보통 수평 규모를 $L \approx 1{,}000\,km$, 연직 규모를 $D \approx 10\,km$ 라고 하면 비탄성 방정식계의 연직 규모는 $D \approx H$ (H는 대류권 평균고도)라 할 수 있고 시간 규모는 $T \gg$ 1min이다. 이 방정식계는 연직성분 운동이 두드러지는 적운 대류와 같은 깊은 대류계(Deep Convective System)에 적용하기에 적합하다.

3) 부시네스크(Boussinesq) 역학 방정식계

이 방정식계는 대기를 비압축성 기체로 가정한다. 하지만 열역학 제1법칙인 식 (2.5)에서는 비압축성 기체로 가정하지 않는다. 비압축성 기체로 가정한 식 (2.4)의 왼편은 0이 되어 질량보존방정식의 속도 발산이 없는 간단한 진단방정식으로 표현된다. 따라서 식 (2.4)는

$$u_x + v_y + w_z = 0 \tag{2.11}$$

이 된다. 밀도, 온도, 기압을 상수인 밀도, 온도, 기압과 그 편차의 합으로 나타내면

$$\rho = \rho_0 + \rho'(x, y, z)$$

$$T = T_0 + T'(x, y, z)$$

$$p = p_0 + p'(x, y, z) \tag{2.12}$$

라고 표현할 수 있다. 따라서 예단변수는 5개로 줄어든다(부록 III 참조). 이 방정식계는 음파와 공기의 압축성 효과를 제거하고 또 연직 규모가 수평 규모보다 아주 작다. 규모 분석의 결과에 따라 부시네스크 역학 방정식계의 연직 규모는 $D \ll H$ 이고, 시간 규모는 $T \gg$ 1min이다. 이 방정식계는 대기경계층 또는 층운 대류와 같은 얕은 대류계(Shallow Convective System)에 적용하기에 적합하다.

4) 정역학(Hydrostatic) 방정식계

이 방정식계는 대기의 정역학 법칙을 적용한다. 따라서 운동방정식의 연직성분 방정식이 정역학 법칙으로 표현되는 진단방정식이 된다. 즉, 식 (2.3)은

$$p_z = -\rho g \tag{2.13}$$

가 된다. 하지만 이는 연직성분 속도가 0임을 의미하지 않으므로 연직성분 속도를 별도로 구하는 방법을 마련하는 것이 필요하다.

이 방정식계를 압력좌표계(p-좌표계)에서 사용하면 연속방정식의 속도 발산이 0이 되어 진단방정식이 되는 장점이 있다. 압력좌표계에서 연직성분 속도는 $\omega = \dfrac{dp}{dt}$이고, 고도 z 대신 지오퍼텐셜 고도 ϕ를 사용한다. p-좌표계의 연직성분 운동방정식은

$$\phi_p = -\frac{1}{\rho} \tag{2.14}$$

이 되고, 연속방정식은

$$u_x + v_y + \omega_p = 0 \tag{2.15}$$

이 된다. 따라서 이 방정식계는 z-좌표계를 사용하면 예단변수는 5개, p-좌표계를 사용하면 예단변수는 4개다. 이 방정식계의 z-좌표계와 p-좌표계를 각각 부록 III에 소개한다. 이 방정식계는 경계면을 따라 전파하는 Lamb 파(연직성분 속도가 0인 음파)를 제외하고 모든 음파를 제거한다. 정역학 법칙을 적용하므로 수평 규모가 대류권의 높이($D \approx H$=~$10km$)보다 큰 규모의 모든 운동계($L \geq 100km$)에 적용하기에 적합하다. 규모 분석 결과에 따라 연직 규모는 $D \ll L$이고, 시간 규모는 $T \gg$ 10min이다. 연직성분 속도는 p-좌표계에서 연속방정식 식 (2.5)로부터 구하고 z-좌표계에서 연속방정식을 단순화하여 구할 수 있다. 이 방정식계는 정역학 법칙을 적용할 수 있는 종관규모 및 중규모 계의 기상 현상에 광범위하게 적용되며, 보통 수치모델에서 원시 방정식계(Primitive Equation System)의 하나로 사용된다.

5) 준지균(Quasi-Geostrophic) 역학 방정식계

이 방정식계는 수평성분 기압 경도력과 코리올리 힘이 결정하는 지균풍을 수평성분 속도로 사용한다. 하지만 코리올리 힘($-fv$와 fu)에 의한 바람(u, v)은 지균풍을 사용하지 않는데, 그 이유를 이해할 필요가 있다. 수평성분 운동방정식에서 이류속도는 지균풍이므로 이류항은 선형으로 표현되는 선형 방정식이 된다. p-좌표계에서 지균풍은 각각

$$u_g = -\frac{1}{f_0}\phi_y, \qquad v_g = \frac{1}{f_0}\phi_x \tag{2.16}$$

이라고 표현된다. 코리올리 인자 f_0는 상수다. 이 방정식계의 수평성분 운동방정식 식 (2.1)과 식 (2.2)는 p-좌표계에서 각각

$$u_{gt} + u_g u_{gx} + v_g u_{gy} = -\phi_x + (f_0 + f_y y)v_g$$

$$v_{gt} + u_g v_{gx} + v_g v_{gy} = -\phi_y - (f_0 + f_y y)u_g \tag{2.17}$$

라고 표현된다. 여기서 v_{gt}는 $\frac{\partial u_g}{\partial t}$, u_{gx}는 $\frac{\partial u_g}{\partial x}$를 의미한다. 이 방정식계는 식 (2.17)과 지균풍 공식을 사용하여 수평성분 운동을 계산한다(부록 III 참고). 예단변수는 동서 및 남북 성분 지균풍 속도, 온도, 수분의 4개다. p-좌표계에서 연직성분 속도는 진단방정식인 연속방정식으로부터 또는 준지균 역학 방정식계의 오메가 방정식(Omega Equations)에서 구한다. 바람은 지오퍼텐셜 고도로부터 구한다. 이 방정식계는 음파, 관성 중력파를 제거한다. 규모 분석에 따라 연직 규모는 $D \approx H$이고, 수평 규모는 $L \geq 1{,}000km$이며, 시간 규모는 $T \gg \frac{1}{f}$ (~$3h$)이다. 이 방정식계는 대류권의 종관규모(Synoptic Scale) 운동계에 적용하기에 적합하고 대규모 운동계의 이론에도 적용할 수 있다.

6) 순압(Barotropic) 역학 방정식계

이 방정식계는 대기의 모든 경압성과 수평 발산을 무시한다. p-좌표계를 사용하고

동서성분과 남북성분 운동방정식의 수평성분 기압 경도력이 제거되도록 하면, 와도 방정식을 얻는다. 그러면 수평성분 운동방정식은 지오퍼텐셜 고도가 예단변수인 하나의 방정식으로 바뀐다. 이 방정식계의 예단변수는 지오퍼텐셜 고도, 온도, 수분의 3개이며 수평성분 속도는 $u=-\phi_y$, $v=\phi_x$ 관계를 사용하여 지오퍼텐셜 고도로부터 구한다. p-좌표계에서 이 방정식계의 와도(ζ)는

$$\zeta=\frac{1}{f_0}\nabla^2\phi \tag{2.18}$$

이 되고 f_0는 상수다. 따라서 수평성분 운동방정식으로부터 얻은 와도 방정식은

$$\zeta_t-\phi_y\zeta_x+\phi_x\zeta_y+\beta\phi_x=0 \tag{2.19}$$

이 된다. 식 (2.19)에서 $\beta=\frac{df}{dy}$로 위도의 함수다. 이 방정식계를 부록 III에 소개한다. 수분보존방정식을 사용하지 않는 경우 예단변수는 와도와 온위 2개다. 이 방정식계는 음파, 관성 중력파, 내부 로스비파를 제거한다. 대류권 전체가 $500hPa$ 고도 근처를 중심으로 하는 하나의 층으로 표현되는 순압대기에 적용된다. 규모 분석에 따라 연직 규모는 $D\approx H$, 수평 규모는 $L\geq 1{,}000km$, 시간 규모는 $T\gg\frac{1}{f}$(~$3h$)이고, 준지균 역학 방정식계와 같이 종관규모 및 대규모 운동계에 적용하기에 적합하다.

표 2.1 대기 방정식계의 특징 요약

방정식계	필요조건	여과된 파동	적용 현상
비탄성	$T\gg 1\min$, $D\approx H$	음파	깊은 대류
부시네스크	$T\gg 1\min$, $D\ll H$	음파	얕은 대류
정역학	$T\gg 10\min$, $D\ll L$	음파(연직 전파)	수평 $100km$ 이상 모든 현상
준지균	$T\gg\frac{1}{f}(\sim 3h)$ $D\approx H,\ L\geq 1{,}000km$	음파, 관성 중력파	종관규모
순압	$T\gg\frac{1}{f}(\sim 3h)$ $D\approx H,\ L\geq 1{,}000km$	음파, 관성 중력파, 내부 로스비파	$500hPa$ 종관규모

주: 수평 규모를 L, 연직 규모를 D, 시간 규모를 T라고 표현하고, H는 대류권 평균 높이, f는 코리올리 인자다.

연습문제

1) z-좌표계의 정역학 방정식계에서 예측방정식과 진단방정식을 열거하고 예측 및 진단 종속변수들을 제시하시오.

2) 정역학 방정식계의 연직방향 운동방정식에서 가속도는 중력가속도와 기압 경도력보다 매우 작다고 하는 가정의 장단점을 설명하시오.

3) 식 (2.1)~식 (2.8), 식 (2.11)과 식 (2.12)를 사용하여 부시네스크 방정식계(부록 III)를 유도하고, p'의 진단방정식을 유도하시오. 유도한 진단방정식의 기압과 속도의 관계를 설명하시오. 유도 과정에서 마찰이 없다고 가정한다.

4) z-좌표계의 부시네스크 방정식계에서 $v=0, \dfrac{\partial}{\partial y}=0$을 가정하고 2차원($x$-$z$좌표) 부시네스크 방정식을 표현하시오. 2차원 부시네스크 방정식으로부터 와도 방정식을 유도하시오. y-방향 성분 와도는 $\eta = \dfrac{\partial w}{\partial x} - \dfrac{\partial u}{\partial z}$이다.

5) 준지균 역학 방정식계에서 코리올리 힘의 항이 지균풍을 사용하지 않는 이유를 설명하시오.

제3장

대기의 편미분 방정식

제1절 | 편미분 방정식

대기를 지배하는 역학 방정식계는 대부분 편미분 방정식으로 표현되며 이 방정식들은 대체로 타원형, 포물선형, 쌍곡선형으로 분류된다. 타원형 편미분 방정식은 경계치 문제의 해를 구할 때 사용하고, 포물선형과 쌍곡선형 편미분 방정식은 초기치 문제의 해를 구할 때 사용한다. 대기역학 방정식계의 진단방정식은 주로 타원형 편미분 방정식의 경계치 문제에 해당하고, 예측방정식인 식 (2.1)부터 식 (2.6)은 주로 포물선형과 쌍곡선형 편미분 방정식의 초기치 문제에 해당한다. 예를 들어 진단방정식인 속도와 지오퍼텐셜 고도의 지균풍 관계 그리고 와도 방정식에서 와도를 구하는 지오퍼텐셜 고도의 2차 미분은 타원형 편미분 방정식이다. 또 파동방정식(이류방정식)은 쌍곡선형 편미분 방정식이고, 확산방정식은 포물선형 편미분 방정식이다.

함수 $u(x,y)$의 2차 선형 편미분 방정식

$$a u_{xx} + 2b u_{xy} + c u_{yy} + 2d u_x + 2e u_y + f u = 0 \tag{3.1}$$

을 생각하자. 여기서 $a,\ b,\ \cdots,f$는 상수이며 실수다. 식 (3.1)의 특성 방정식(Equation of Characteristic)인 $a\lambda^2 - 2b\lambda + c = 0$은 2개의 근을 가진다. 2개의 근을 각각 λ_1, λ_2라 하면 a) $b^2 - ac > 0$일 경우, 서로 다른 2개의 실수 근을 가지며 쌍곡선형 방정식이고 일반적으로 $\phi_{xx} - \phi_{yy} + k\phi = 0$의 형태를 가진다. b) $b^2 - ac < 0$일 경우, 서로 다른 2개의 허수 근을 가지며, 타원형 방정식이고, 일반적으로 $\phi_{xx} + \phi_{yy} + k\phi = 0$의 형태를 가진다. c) $b^2 - ac = 0$일 때, 하나의 실수 근을 가지며, 포물선형 방정식이고, 일반적으로 $\phi_{xx} - \phi_y = 0$의 형태를 가진다. 여기서 ϕ는 함수이고 k는 상수다. 실제 세계에서 발생하는 문제들이 이와 같은 간단한 편미분 방정식으로 표현되지는 않지만 복잡한 방정식을 식 (3.1)의 형태로 단순화하여 표현하면 수치해를 구하는 데 도움이 된다.

예를 들어 2장의 대기역학 방정식계에서 식 (2.1)~식 (2.6)의 왼편 첫째 항과 둘째 항만으로 구성된 방정식은 아주 간단한 이류방정식이 되며, 쌍곡선형 편미분 방정식이 된다. 식 (2.1)의 마지막 항 FX가 확산 형태인 Ku_{xx}와 같이 표현되면 첫째 항과 함께 확산방정식으로 표현되므로 포물선형 편미분 방정식이다. 순압 역학 방정식계의 와도 방정식인 식 (2.18)은 2차원 타원형 편미분 방정식이다. 이 경우 와도 ζ를 알면 타원형 편미분 방정식으로 풀어 지오퍼텐셜 고도를 구한다. 와도는 정의에 따라 속도(u, v)로부터 구한다. 많은 대기역학 방정식들은 이 세 가지 형태의 편미분 방정식으로 간단히 표현될 수 있으므로 대부분 수치해법으로 해를 구할 수 있다.

좀 더 확대하면 Laplace 방정식과 Poisson 방정식은 타원형이고, 파동(Wave) 방정식 또는 이류방정식은 쌍곡선형이며, 열(Heat) 방정식 또는 확산방정식은 대표적인 포물선형 편미분 방정식이다. 정해진 시공간 영역에서 적절한 초기조건과 경계조건이 주어지면 편미분 방정식은 근사적 수치해를 가진다. 또 편미분 방정식을 고유함수(Eigen Function)로 표현할 수 있으면 고유함수의 고유치(Eigenvalue)를 찾아서 해를 구할 수 있다.

일반적으로 초기조건과 경계조건에 따라 선형 편미분 방정식이라도 해석해를 얻기 어려운 경우에는 수치해법으로 해를 구한다. 수치해를 구하기 위해 편미분 방정식을 유한차분 근사(Finite Difference Approximation)로 표현하여 해를 구하는 유한차분법(Finite Difference Method)이 사용된다. 또 알려진 공간의 조화함수 또는 특수함수를 기본함수로 표현하여 해를 구하는 갤러킨(Galerkin) 방법에

속하는 스펙트럼법(Spectral Method)과 유한요소법(Finite Element Method) 등도 활용된다. 수치적 표현과 계산량의 관점에서 유한차분법은 수치해를 얻기 위해 비교적 쉽게 접근할 수 있는 장점이 있고, 갤러킨 방법은 수학적 표현을 얻기 위한 과정이 어렵지만 해가 비교적 정확하다는 장점이 있다.

제2절 | 유한차분 근사(Finite Difference Approximation)

함수 $u(x)$와 그 미분 u_x, u_{xx}, $\cdots$ 등을 독립변수 x의 유한하고 연속적인 함수라고 하고 제2장에서와 같이 함수의 미분을 $u_x = \dfrac{\partial u}{\partial x}, u_{xx} = \dfrac{\partial^2 u}{\partial x^2}, u_{xy} = \dfrac{\partial^2 u}{\partial x \partial y} \cdots$ 이라고 놓는다. 함수 $u(x)$의 어느 한 점 x로부터 아주 작은 거리 $h = \triangle x$의 변화에 대해 함수를 Taylor 급수로 전개하면 함수의 미분을 유한차분 근사로 표현할 수 있다. 함수 $u(x)$의 한 점으로부터 작은 거리 h만큼 떨어진 $u(x+h)$와 $u(x-h)$에서 함수를 Taylor 급수로 전개하면 각각

$$u(x+h) = u(x) + hu_x + \frac{1}{2!}h^2 u_{xx} + \frac{1}{3!}h^3 u_{xxx} + \cdots \tag{3.2}$$

$$u(x-h) = u(x) - hu_x + \frac{1}{2!}h^2 u_{xx} - \frac{1}{3!}h^3 u_{xxx} + \cdots \tag{3.3}$$

이 된다. 식 (3.2)와 식 (3.3)을 서로 합하면

$$u(x+h) + u(x-h) = 2u(x) + h^2 u_{xx} + O(h^4) \tag{3.4}$$

이 되고, 정리하면 함수 $u(x)$의 2차 미분 $\dfrac{\partial^2 u}{\partial x^2} = u_{xx}$는 유한차분 근사

$$u_{xx} = \frac{u(x+h) + u(x-h) - 2u(x)}{h^2} + O(h^2) \tag{3.5}$$

이 된다. 식 (3.4)와 식 (3.5)에서 $O(h^2)$와 $O(h^4)$는 각각 h의 2승 차수와 4승 차수 그리고 그 이상의 차수를 포함한다는 의미다. 식 (3.5)는 오른쪽 첫째 항이 2차 미분 u_{xx}의 유한차분 방정식으로 표현되고 둘째 항이 h의 2승 차수의 오차 $O(h^2)$를 가진다는 표현이다. 여기서 h를 0에 가깝도록 작게 하면 $O(h^2)$는 2승 차수이므로 더 작아지게 된다.

또 식 (3.2)와 식 (3.3)의 차를 구하면

$$u(x+h) - u(x-h) = 2hu_x + O(h^3) \tag{3.6}$$

$$u_x = \frac{u(x+h) - u(x-h)}{2h} + O(h^2) \tag{3.7}$$

이 된다. 식 (3.7)은 오른쪽 첫째 항이 함수의 1차 미분 $u_x = \frac{\partial u}{\partial x}$의 유한차분 방정식으로 표현되고 둘째 항이 h의 2승 차수의 오차 $O(h^2)$를 가진다는 의미다. 식 (3.5)와 식 (3.7)을 중앙 차분 근사(Central Difference Approximation)라고 하고 $O(h^2)$ 수준의 오차를 가진다고 한다. 그림 3.1은 점 P에서 함수의 1차 미분과 $x-h$의 점 A와 $x+h$의 점 B를 연결하는 현의 기울기를 서로 비교한 것이다. 점 P에서 함수의 1차 미분은 정의에 따라 점 P에서의 접선의 기울기인 반면, 현 $\overline{\mathrm{AB}}$ 는 점 A와 B에서의 함숫값 차이이므로 점 P에서의 접선의 기울기와는 같지 않다. h가 0에 접근하면, 점 A와 B에서의 유한차분 값인 현 $\overline{\mathrm{AB}}$는 점 P에서의 접선의 기울기와 일치하게 된다. 즉, h가 0에 접근하여 $O(h^2)$가 0이 되도록 하면 유한차분 근사의 미분은 정확할 수 있다는 의미다. 다른 말로 표현하면 점 P 주위에서 수치해를 구하기 위해 점들을 아주 많이 주어서 h가 아주 작아지면 유한차분 근사는 점 P에서의 접선과 유사하게 된다는 것이다.

식 (3.2)와 식 (3.3)을 각각의 식에서 정돈하면

$$u_x = \frac{u(x+h) - u(x)}{h} - O(h) \tag{3.8}$$

$$u_x = \frac{u(x) - u(x-h)}{h} + O(h) \tag{3.9}$$

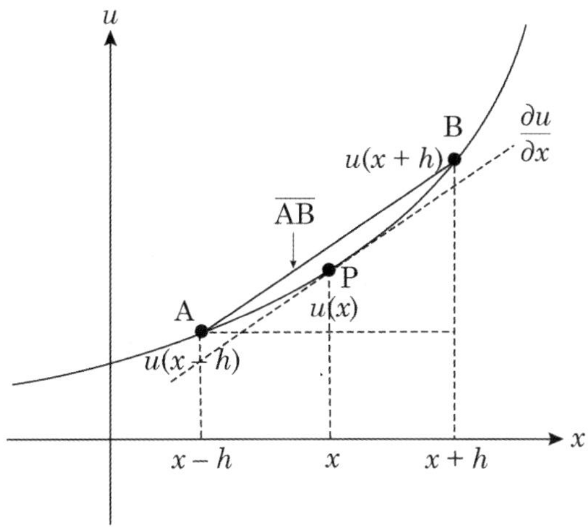

그림 3.1 1차 미분의 유한차분 근사 오차.
점 P에서의 유한차분 근사는 현 $\overline{\mathrm{AB}}$의 기울기다. 작은 값 h가 0에 가까워질수록 현 $\overline{\mathrm{AB}}$도 점 P에서의 1차 미분인 접선에 접근하게 된다. h가 아주 작으면 유한차분 근사의 정확도가 증가한다는 것을 보여 준다.

가 된다. 식 (3.8)과 식 (3.9)는 각각 h의 1승 차수 수준의 오차 $O(h)$를 가진다. 식 (3.8)을 공간의 전방 차분(Forward Difference) 또는 하향류 차분(Downstream Difference) 근사라 하고, 식 (3.9)를 공간의 후방 차분(Backward Difference) 또는 상향류 차분(Upstream Difference) 근사라 하며, 이 둘을 비중앙 차분(Uncentered Difference) 근사라고 한다. 이들은 식 (3.7)의 중앙 차분 근사 오차 $O(h^2)$과 비교하여 차수가 하나 낮아서 상대적으로 정확도가 더 낮다. 식 (3.8)과 식 (3.9)는 함수 $u(x)$의 성질에 의해 오차 $O(h)$의 크기가 서로 다르므로 유한차분 방정식으로 표현하여 구한 수치해의 정확도도 다를 수 있다.

마찬가지로 시간의 함수 미분 $u_t = \frac{\partial u}{\partial t}$도 점 t 주위의 작은 시간 간격 $\triangle t (= k)$를 사용하여 $\frac{\partial u}{\partial t}$를 시간의 전방 차분으로 표현하면

$$u_t = \frac{u(t+k) - u(t)}{k} + O(k) \tag{3.10}$$

가 되고 $O(k)$는 시간 간격 k의 1승 차수 수준 오차가 된다. 식 (3.10)은 시간의 전방 차분이다. $\frac{\partial^2 u}{\partial t^2}$도 공간 미분의 경우와 같이 표현할 수 있고 2승 차수 수준의 오차를 가진다.

앞으로 사용할 차분 관련 기호를 2차원 격자 시스템(Grid System)의 그림 3.2에 보인다. 여기서 공간 x-방향의 지수를 i라 하고, 시간 t-방향의 지수를 n이라 하면,

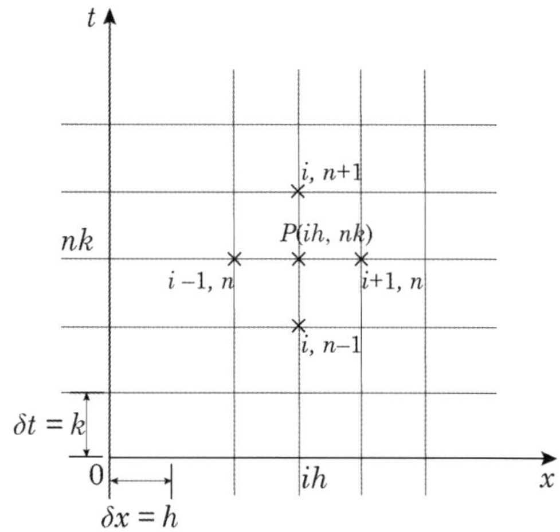

그림 3.2 (x,t)좌표에서 작은 값 $\triangle x = h$와 $\triangle t = k$로 구성된 격자 시스템.
지수 i와 n은 원점 0에서부터 각각 x-방향, t-방향의 거리를 표시하는 정수다. 점 P는 $P(x,t) = P(i\triangle x, n\triangle t) = P(ih, nk) = P(i,n)$라고 표현한다.

$u(x)$는 $u(i)$ 그리고 $u(t)$는 $u(n)$이라고 표현한다. $u(x \pm \triangle x) = u(x \pm h)$는 $u(i \pm 1)$, 그리고 $u(t \pm \triangle t) = u(t \pm k)$는 $u(n \pm 1)$, $u(x,t)$는 $u(i,n)$, $u(x \pm \triangle x,\ t \pm \triangle t) = u(x \pm h, t \pm k)$는 $u(i \pm 1, n \pm 1)$로 표현한다.

이제 간단한 대기역학 방정식에 유한차분 근사를 적용한 유한차분 방정식을 구해 본다. 함수 $u(x,t)$의 1차원 이류방정식 $\frac{\partial u}{\partial t} + u\frac{\partial u}{\partial x} = 0$ 또는 $u_t + uu_x = 0$을 시간은 전방 차분 근사를, 공간은 중앙 차분 근사를 적용한다. 점 $(i,\ n)$에서의 시간 미분의 전방 유한차분 근사는

$$u_t = \frac{u(i, n+1) - u(i,n)}{k} + O(k)$$

또는

$$u_t = \frac{u_i^{n+1} - u_i^n}{k} + O(k) \tag{3.11}$$

가 된다. 점 $(i,\ n)$에서의 공간 미분의 중앙 유한차분 근사는

$$u_x = \frac{u(i+1,n) - u(i-1,n)}{2h} + O(h^2)$$

또는

$$u_x = \frac{u_{i+1}^n - u_{i-1}^n}{2h} + O(h^2) \tag{3.12}$$

이 된다. k와 h가 작은 값을 가지는 이류방정식 $\frac{\partial u}{\partial t} = -u\frac{\partial u}{\partial x}$의 유한차분 방정식은

$$\frac{u(i,n+1)-u(i,n)}{k} = -u(i,n)\frac{u(i+1,n)-u(i-1,n)}{2h} + O(k,h^2) \tag{3.13}$$

이 된다. 식 (3.13)은 k와 h가 각각 0에 접근하면 이류방정식과 유사하게 된다(그림 3.1 참조). 식 (3.13)의 오차 수준은 시간의 1승 차수이고 공간의 2승 차수다.

대기의 확산방정식은 $\frac{\partial u}{\partial t} = K\frac{\partial^2 u}{\partial x^2}$ 이고, K는 대기의 확산계수로서 여기서는 상수다. 점 $(i,\ n)$에서의 시간을 전방 차분 근사로 적용하고 공간을 중앙 차분 근사로 적용하면 이 확산방정식의 유한차분 방정식은

$$\frac{u(i,n+1)-u(i,n)}{k} = K\frac{u(i+1,n)-2u(i,n)+u(i-1,n)}{h^2} + O(k,\ h^2) \tag{3.14}$$

이 된다. 오차는 시간의 1승 차수이고 공간의 2승 차수다.

유한차분 방정식을 구하는 일반적인 방법은 함수 $u(x)$의 m개 Taylor 급수를 조합하는 것이다. 이 m개 Taylor 급수의 조합은

$$\sum_{m=a}^{b} \alpha_m [u_m = u_0 + m\triangle x(\frac{\partial u}{\partial x})_0 + \frac{1}{2!}(m\triangle x)^2(\frac{\partial^2 u}{\partial x^2})_0 + \frac{1}{3!}(m\triangle x)^3(\frac{\partial^3 u}{\partial x^3})_0$$

$$+ \frac{1}{4!}(m\triangle x)^4(\frac{\partial^4 u}{\partial x^4})_0 + \cdots] \tag{3.15}$$

이라고 표현된다. 식 (3.15)의 정수 m은 함수 $u(x)$의 미분을 유한차분 근사에 적용하기 위해 주어진 격자점의 지수이고, α_m은 격자점 개수이며 구해야 할 미지수다.

Taylor 급수의 조합은 다음의 절차에 따라 α_m을 찾아서 유한차분 근사를 얻는다.

a) 구하려는 미분보다 작은 차수의 모든 미분을 제거하도록 α_m을 정한다.

b) 구하려는 미분보다 큰 차수의 미분을 가능하면 많이 제거하도록 α_m을 정한다.

c) a와 b는 주어진 격자점 개수에 따라 결정된다.

d) α_m이 정수가 되도록 $\alpha_{|m|=\max}=1$이라고 놓는다.

이 절차에 따라 격자점 개수와 미분을 구할 격자점에서의 유한차분 근사를 결정한다.

| 예제 |

아래 그림의 점($m=-1,\ 0,\ 1,\ 2,\ 3$)들을 사용하여 점 $m=0$에서 2차 미분 $\frac{\partial^2 u}{\partial x^2}$의 유한차분 근사를 구하는 문제다. 그림에서 보는 바와 같이, 격자점 $m=0$에서의 미분이므로 비중앙 유한차분 근사가 된다. $\triangle x$는 격자 간격이다.

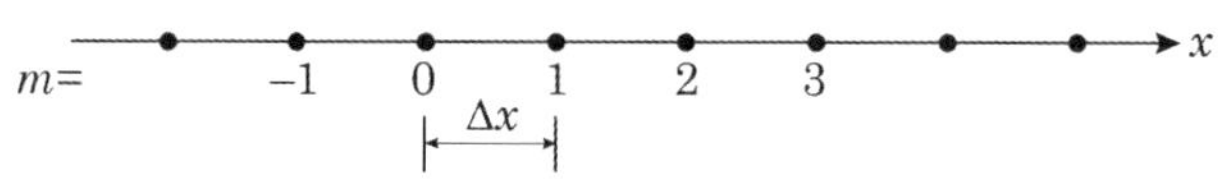

| 예제 풀이 |

절차에 따라 문제를 푸는 시작은 점 $m=-1,\ 0,\ 1,\ 2,\ 3$을 식 (3.15)에 대입하는 것이다. 즉,

$$\sum_{m=-1}^{3} = \alpha_m [u_m = u_0 + m\triangle x(\frac{\partial u}{\partial x})_0 + \frac{1}{2!}(m\triangle x)^2(\frac{\partial^2 u}{\partial x^2})_0 + \frac{1}{3!}(m\triangle x)^3(\frac{\partial^3 u}{\partial x^3})_0 + \frac{1}{4!}(m\triangle x)^4(\frac{\partial^4 u}{\partial x^4})_0 + \cdots \quad] \tag{3.16}$$

이 된다. 식 (3.16)에서 오른편 첫째 항의 u_0는 유지하고, 둘째 항은 반드시 제거하고, 셋째 항은 얻고자 하는 2차 미분의 항이므로 반드시 남겨야 하고, 넷째 항부터는 가능한 한 많이 제거한다. 주어진 격자점들을 식 (3.16)에 대입하고 정리하면,

$$
\begin{aligned}
\alpha_{-1}u_{-1}+\alpha_1 u_1+\alpha_2 u_2+\alpha_3 u_3 &= (\alpha_{-1}+\alpha_1+\alpha_2+\alpha_3)u_0 \\
&+(-\alpha_{-1}+\alpha_1+2\alpha_2+3\alpha_3)\triangle x\left(\frac{\partial u}{\partial x}\right)_0 \\
&+\frac{1}{2!}(\alpha_{-1}+\alpha_1+4\alpha_2+9\alpha_3)(\triangle x)^2\left(\frac{\partial^2 u}{\partial x^2}\right)_0 \\
&+\frac{1}{3!}(-\alpha_{-1}+\alpha_1+8\alpha_2+27\alpha_3)(\triangle x)^3\left(\frac{\partial^3 u}{\partial x^3}\right)_0 \\
&+\frac{1}{4!}(\alpha_{-1}+\alpha_1+16\alpha_2+81\alpha_3)(\triangle x)^4\left(\frac{\partial^4 u}{\partial x^4}\right)_0+\cdots
\end{aligned}
\tag{3.17}
$$

이 된다. 공식을 적용하는 절차에 따라 식(3.17)에서 오른쪽 둘째 항, 넷째 항, 다섯째 항은 0이 되도록 하고, α_m이 정수가 되기 위해 $\alpha_{|m|=\max}=1$, 즉 $\alpha_3=1$로 한다. 그 결과는

$$
\begin{aligned}
-\alpha_{-1}+\alpha_1+2\alpha_2+3&=0 \\
-\alpha_{-1}+\alpha_1+8\alpha_2+27&=0 \\
\alpha_{-1}+\alpha_1+16\alpha_2+81&=0
\end{aligned}
\tag{3.18}
$$

이다. 식(3.18)의 해는 $\alpha_{-1}=-11$, $\alpha_1=-6$, $\alpha_2=-4$이다. 이때 $\alpha_3=1$로 두지 않으면 α들이 소수로 구해지면서 계산이 복잡해진다. 주어진 점 $(m=-1,0,1,2,3)$들을 사용하는 점 $m=0$에서 함수의 2차 미분은

$$
\left(\frac{\partial^2 u}{\partial x^2}\right)_0=\frac{-u_3+4u_2+6u_1-20u_0+11u_{-1}}{12\triangle x^2}+\cdots+O\left(\frac{\triangle x^3}{12}\right)
\tag{3.19}
$$

이다. 이 유한차분은 5개 격자점을 사용하며, 오차는 3승 차수 정확도를 가진다. 이 예에서 2차 미분의 비중앙 유한차분 근사는 같은 개수의 격자점을 사용하는 중앙 유한차분 근사보다 정확도가 1승 차수 낮다.

유한차분 근사를 구할 때 Taylor 급수를 m개 조합하여 근사하는 일반적인 규칙은 다음과 같다.

a) 유한차분 근사를 구할 때 필요한 격자점의 최소 개수는 미분의 차수보다 하나 더 많아야 한다. 즉, 1차 미분은 격자점 2개, 2차 미분은 격자점 3개가 필요하다.

b) 같은 개수의 격자점을 사용할 경우, 비중앙 유한차분 근사는 중앙 유한차분 근사보다 정확도가 낮다. 즉, 비중앙 유한차분 근사가 중앙 유한차분 근사와 같은 수준의 정확도를 가지려면 더 많은 격자점이 필요하다는 의미다.

c) 유한차분 근사법은 사용한 격자점 수가 증가하면 정확도가 향상된다.

제3절 | 유한차분법의 수치해

1) 이류방정식 (파동방정식), $\frac{\partial u}{\partial t} + u\frac{\partial u}{\partial x} = 0$

1차원 이류방정식에서 시간과 공간 모두 중앙 차분 근사를 적용하고 이류속도 $u(i,n)$을 상수 U로 두면 유한차분 방정식은

$$\frac{u(i,n+1)-u(i,n-1)}{2\triangle t} = -U\frac{u(i+1,n)-u(i-1,n)}{2\triangle x}$$

$$u(i,n+1) = u(i,n-1) - r(u(i+1,n)-u(i-1,n)) \tag{3.20}$$

이 된다. 식 (3.20)에서 $r = U\frac{\triangle t}{\triangle x}$이다. r의 범위 또는 크기는 수치해를 구하기 위한 안정도 조건과 관련이 있고 주어진 U에 대해 $\triangle t$와 $\triangle x$ 사이의 관계를 사용하여 결정된다. 식 (3.20)은 초기조건과 경계조건이 주어지면 $\triangle x$와 $\triangle t$의 크기를 결정하고 n을 증가시키며 수치해를 구한다. 예를 들어 $U=10ms^{-1}$, $\triangle x=10km$, $\triangle t=250s$의 경우에 대해 $r=\frac{1}{4}$이 되어 안정되게 계산할 수 있는 조건이지만, $r>\frac{1}{2}$의 경우는 계산이 불안정하여 수치해를 구할 수 없다.

유한차분 방정식의 수치해를 구할 때 안정도 조건을 만족하도록 $\triangle t$와 $\triangle x$ 사이

의 관계로부터 $\triangle t$의 범위를 찾는 것이 필요하다. 제4장에서 유한차분 방정식의 안정도 조건을 만족하는 방법을 설명한다.

2) 확산방정식, $\frac{\partial u}{\partial t} = K\frac{\partial^2 u}{\partial x^2}$

1차원 확산방정식에서 시간은 전방 차분 근사를, 공간은 중앙 차분 근사를 적용하고 확산계수를 상수로 놓은 유한차분 방정식은

$$\frac{u(i,n+1)-u(i,n)}{\triangle t} = K\frac{u(i+1,n)-2u(i,n)+u(i-1,n)}{\triangle x^2}$$

$$u(i,n+1) = u(i,n) + r[u(i+1,n)-2u(i,n)+u(i-1,n)] \tag{3.21}$$

이다. 식 (3.21)에서 $r = K\frac{\triangle t}{\triangle x^2}$이다. $\triangle x^2$는 $(\triangle x)^2$와 같은 의미로 사용된다. 계산의 안정도 조건을 얻기 위해 r의 범위를 구한다. 이류방정식의 경우와 같이 주어진 초기조건 및 경계조건에 따라 $\triangle x$와 $\triangle t$를 정하고 n을 증가시켜서 수치해를 구한다. 예를 들어 $K = 10^5 m^2 s^{-1}$, $\triangle x = 10km$, $\triangle t = 100s$로 놓으면 $r = \frac{1}{10}$이고 안정도 조건 $r \le \frac{1}{2}$을 만족하여 수치해를 가지며, $r > \frac{1}{2}$의 경우는 불안정하여 수치해를 구할 수 없다. 하지만 안정도 조건 $r \le \frac{1}{2}$을 만족하기 위해 $\triangle t$를 아주 작게 해야 하고, $\triangle t$가 작으면 원하는 예측 시간에 해를 구하기 위해 상당한 계산량이 필요하게 된다. 이 유한차분 방정식의 안정도 조건을 구하는 방법도 제4장에서 설명한다.

연습문제

1) 유한차분 근사에서 오차의 크기를 줄이는 요인을 설명하시오.

2) 다음 편미분 방정식이 타원형, 포물선형, 쌍곡선형 중 어느 것인지 판별하시오.

$a)\ \dfrac{\partial^2 u}{\partial x^2} + 2\dfrac{\partial^2 u}{\partial y^2} = 0$

$b)\ [1+(\dfrac{\partial u}{\partial y})^2]\dfrac{\partial^2 u}{\partial x^2} - 2\dfrac{\partial u}{\partial x}\dfrac{\partial u}{\partial y}\dfrac{\partial^2 u}{\partial x \partial y} + [1+(\dfrac{\partial u}{\partial x})^2]\dfrac{\partial^2 u}{\partial y^2} = 0$

$c)\ \dfrac{\partial^2 \phi}{\partial x^2} + \dfrac{\partial^2 \phi}{\partial y^2} + h\phi = f(x,y)$, Helmholtz 방정식

$d)\ \dfrac{\partial^2 u}{\partial t^2} + \dfrac{\partial^2 u}{\partial x^2} = 0$

3) 함수 $u(x,y,z,t)$의 동서 방향 운동방정식

$$\frac{\partial u}{\partial t} = -u\frac{\partial u}{\partial x} - v\frac{\partial u}{\partial y} - w\frac{\partial u}{\partial z} - \frac{1}{\rho_0}\frac{\partial p}{\partial x} + fv + K\frac{\partial^2 u}{\partial z^2}$$

를 시간은 전방 차분 근사를, 공간은 중앙 차분 근사를 사용하여 유한차분 방정식으로 표현하시오. 시간 지수는 n, 그리고 x,y,z의 각 방향의 공간 지수는 각각 i, j, k를 사용한다. ρ_0, f, K는 상수이고 유한차분 근사의 안정도는 고려하지 않는다.

4) 편미분 방정식 $\frac{\partial u}{\partial t} = K \frac{\partial^2 u}{\partial x^2}$에 대응하는 유한차분 방정식을 시간은 전방 차분 근사를, 공간은 중앙 차분 근사를 사용하여 표현하고 오차의 수준을 명시하시오. 단, K는 상수다.

5) 주어진 경계조건과 초기조건으로 1차원 확산방정식 $\frac{\partial u}{\partial t} = K \frac{\partial^2 u}{\partial x^2}$를 시간은 전방 차분 근사를, 공간은 중앙 차분 근사를 사용한다. 경계조건은 구간 $0 \le x \le \frac{L}{2}$에서 $u(x,0) = \frac{x}{L}$이고, 구간 $\frac{L}{2} \le x \le L$에서 $u(x,0) = \frac{L-x}{L}$이다. 초기조건은 $u(x,0) = u(L,t) = 0$이고, 적분 시간은 $0 \le t \le 10^3 \Delta t$이다. $K = 10^5\, m^2 s^{-1}$, $L = 10^4\, km$이다. 격자 간격 $\Delta x = 10^2\, km$를 사용하여 안정도 조건을 만족하는 Δt의 크기를 선택하여 수치해를 구하고 결과를 토의하시오.

6) 함수 $u(x)$의 m개 Taylor 급수를 조합하는 유한차분 근사법을 사용하여 5개 점(m=−2, −1, 0, 1, 2) 가운데 점 m=0에서 $\frac{\partial^2 u}{\partial x^2}$의 유한차분 근사를 구하고 오차의 수준을 명시하시오.

7) 유한차분 방정식을 유도하는 Taylor 급수를 사용하여 미분 $\frac{\partial f}{\partial x}$의 중앙 차분 근사 $\frac{\partial \hat{f}}{\partial x}$을 구하기 위해 4승 차수 오차의 정확도를 가지도록 유한차분 방정식을 구하시오.

제4장

유한차분 수치해의 수렴성과 안정성

대기 방정식계에서 수치해가 존재하기 위한 조건은 주어진 대기의 편미분 방정식에 대응하는 유한차분 방정식의 수치해가 허용되는 오차 범위 내에서 편미분 방정식의 해석해와 일치하고 계산하는 과정이 수렴해야 한다는 것이다. 이를 수학적으로 증명한 'Lax 등가 정리(Lax Equivalence Theorem)'에 따르면, 유한차분 방정식이 그에 대응하는 편미분 방정식과 일치하도록 표현되고 구해진 수치해가 수렴하면 해가 존재한다는 안정도 조건을 만족한다. 이 장에서는 유한차분법을 적용하여 수치해를 구할 때 필요충분조건을 만족할 유한차분 방정식의 수렴성과 안정성을 이해하고자 한다.

제1절 | 수렴성

편미분 방정식의 해(해석해)를 $U(x,t)$라 하고 그에 대응하는 유한차분 방정식의 해(수치해)를 $u(x,t)$라고 하자. 만일 유한차분 방정식에서 작은 시간($\triangle t$)과 작은 공간($\triangle x$)의 크기가 0에 접근할 때, 즉 유한차분 방정식을 적분하여 어느 시간의 어느 점에서 $u(x,t)$가 $U(x,t)$에 접근할 때, 그 유한차분 방정식은 수렴하여 수치해 $u(x,t)$가 존재한다. 해석해와 수치해의 차이 $\epsilon=(U-u)$를 이산화 오차(Discretization Error) 또는 절단 오차(Truncation Error)라고 한다. 일반적으로 $\triangle t$와 $\triangle x$의 크기가 감소하면 절단 오차는 감소한다. 그러나 한정된 공간에서 $\triangle t$와 $\triangle x$의 크기가 감소하여 격자점 수가 증가하면 유한차분 방정식을 계산하는 적분 시간이 길어지고 계산량이 늘어남에 따라 계산 오차가 증가한다. 다시 말하면 수치해가 수렴하기 위해 $\triangle t$와 $\triangle x$의 크기가 감소하면 절단 오차는 감소하지만 계산 오차는 증가한다.

'Lax 등가 정리'에 따르면, 주어진 초기치 문제의 편미분 방정식에서 그에 대응하는 유한차분 방정식이 편미분 방정식과 일치하도록 표현되고 그 유한차분 방정식의 계산이 수렴하면 수치해가 존재할 수 있는 안정도 조건(Stability Condition)이 만족된다. 이를 위해 유한차분 방정식이 주어진 편미분 방정식과 일치하도록 표현되고 그 유한차분 방정식이 안정적으로 계산된다는 것을 증명해야 한다. 결과적으로 수치해의 존재 여부는 유한차분 방정식의 안정도 조건을 찾는 문제로 귀결된다.

제2절 | 안정성

유한차분 방정식을 계산하여 얻은 수치해를 $N(x,t)$이라고 하자. 이론적으로 유한차분 방정식의 수치해 $u(x,t)$는 수치해법으로 정확하다. 그러나 절단 오차와 계산 오차 때문에 수치해는 해석해와 동일하지 않다. 따라서 $U(x,t)-N(x,t)=R(x,t)$은 절단 오차와 계산 과정에서 생긴 오차, 즉 전체 라운딩 오차(Rounding Error)를 합한 것이다. 어느 시간(n)과 공간(i)의 점 (i,n)에서 수치해의 오차는

$$\begin{aligned} R(i,n) &= U(i,n)-N(i,n) \\ &= U(i,n)-u(i,n)+u(i,n)-N(i,n) \\ &= e(i,n)+r(i,n) \end{aligned} \tag{4.1}$$

이 된다. 식 (4.1)은 절단 오차 $U(i,n)-u(i,n)=e(i,n)$과 전체 라운딩 오차 $u(i,n)-N(i,n)=r(i,n)$의 합이 된다. $e(i,n)$은 작은 공간 $\triangle x$와 작은 시간 $\triangle t$에 대해 각각 0으로 접근하면 0으로 수렴되는 것이 가능하지만, $r(i,n)$은 계산 과정에서 발생한 오차이므로 일반적으로 0이 되지 않고 유한한 값으로 남는다. 그러나 $r(i,n)$은 컴퓨터 연산 과정에서 아주 작도록 설계된다. 포물선형 및 쌍곡선형 편미분 방정식은 예측방정식이므로 시간 n이 무한히 커짐에 따라, 즉 유한한 값 $\triangle t$를 사용하여 무한히 계산하더라도 $r(i,n)$이 유한하다면 유한차분 방정식은 안정된 수치해를 가질 수 있다. 이것은 한 점에서 개별 라운딩 오차는 계산상 무시될 수도 있으나 n이 증가함에 따라 전체 라운딩 오차 $r(i,n)$은 누적되어 증가할 수 있다는 것이다. 어느 시간과 어느 공간에서 $e(i,n)$과 $r(i,n)$이 유한한 값이면 $R(i,n)=U(i,n)-N(i,n)$이 유한한 값이 되므로 수치해도 유한한 오차를 갖게 되어 안정된 수치해를 얻을 수 있다.

수학적으로 유한한 값 $\triangle x$와 $\triangle t$에 대해 $\triangle t$가 $0(t=n\triangle t,\ n\rightarrow\infty)$이 될 수 있지만, 실제 계산에서 $\triangle t$와 $\triangle x$는 0으로 둘 수 없으므로 유한한 값으로 고정될 수밖에 없다. 따라서 $\triangle t$와 $\triangle x$를 상수로 놓고 n을 무한히 증가시키면 $u(x,t)$가 유한한 값에 접근하여 안정하게 된다. 이 조건은 유한차분 방정식이 주어진 편미분 방정식과 일치하는 조건일 뿐만 아니라 수렴도 보장한다. 즉, Lax 등가 정리는 주어진 초기치 문제의 편미분 방정식이 선형 유한차분 방정식으로 표현될 때, 편미분 방정식과 유한차분 방정식이 일치하는 조건과 유한차분 방정식의 계산이 안정하는 조건은 수치해가 존재할 수 있는 필요충분조건이라는 의미다. 따라서 유한차분 방정식의 수치해가 존재하려면 안정도 조건을 만족해야 한다.

제3절 | 예측 방정식의 안정도 분석

유한차분 방정식의 안정도를 분석하는 여러 방법들이 있다. 이 중에서 Fourier 급수를 활용한 폰 노이만 방법이 가장 간단하고 편리한 분석 방법이다.

1) 에너지 방법(Energy Method)

이 방법은 유한차분 방정식을 계산하려는 시공간에서 실제 계산을 진행하여 종속변수의 총에너지가 보존되는지 알아보는 방법이다. 계산 과정에서 총에너지가 증가하여 계산이 폭발하면 안정도 조건을 만족하지 않는 것으로 간주한다. 편미분 방정식의 종속변수가 양의 값이 되도록 2승 차수 방정식으로 변형하여 계산 영역 내에서 계산하는 동안 이 값이 증가하지 않으면 안정도 조건을 만족한다는 원리다. 종속변수가 속도일 경우 2승 차수는 운동에너지를 의미하고, 속도가 아닌 물질적 변수일 경우에 2승 차수는 항상 양의 값을 갖는다. 예를 들어 1차원 이류방정식

$$\frac{\partial \phi}{\partial t} + c\frac{\partial \phi}{\partial x} = 0 \tag{4.2}$$

의 양변에 $\frac{1}{2}\phi$를 곱하면 종속변수 ϕ는 에너지 또는 양의 2승 차수로 정의할 수 있다. 종속변수 ϕ의 양의 2승 차수 공간 총량은

$$E = \frac{1}{2}\int_0^x \phi^2\, dx \tag{4.3}$$

가 된다. 식 (4.3)에서 종속변수 ϕ는 $\phi \times \phi = \phi^2$의 형태를 가지므로 총에너지 또는 양의 값이다. 식 (4.2)의 첫 번째 항은 총에너지 또는 양의 값 시간변화율이고, E의 시간변화율은

$$\frac{\partial E}{\partial t} = \frac{\partial}{\partial t}\left(\frac{1}{2}\int_0^x \phi^2\, dx\right) \tag{4.4}$$

이 된다. 식 (4.4)에서 E의 시간 적분이 증가하는지 여부를 조사한다. 따라서 식 (4.2)에서 둘째 항의 총에너지 또는 양의 값이

$$E = \int_0^x c\frac{\partial}{\partial x}(\frac{1}{2}\phi^2)\,dx$$

$$E = \sum_0^x c\,\frac{\partial}{\partial x}(\frac{1}{2}\,\phi^2)\triangle x \tag{4.5}$$

가 된다. 예측 방정식의 안정도 조건은 식 (4.5)에서 ϕ^2의 공간 총합이 시간 적분 동안 일정하다는 것을 증명하는 것이다. 즉, 식 (4.5)에서 계산하는 시간 동안 영역 내의 ϕ^2 값이 증가하거나 증가하지 않는 것을 보이는 방법이다. 영역 내의 ϕ^2의 합이 증가하지 않으면 시간이 증가함에 따라 E는 증가하지 않으므로 안정한 조건이 된다. 이 방법을 적용하기 위해서는 식 (4.2)의 유한차분 방정식을 실제로 계산하여 ϕ^2의 증감을 결정해야 한다.

2) 매트릭스 방법(Matrix Method)

유한차분 방정식의 현재 시간을 $t = n\triangle t$라고 표현하면 다음 시간 $(n+1)\triangle t$의 모든 격자점에서 현재 시간 $n\triangle t$와 이전 시간 $(n-1)\triangle t$, $(n-2)\triangle t \cdots$의 값들로 표현될 수 있다고 가정한다. 함수 $U(n)$을 n번째 유한차분 방정식으로부터 얻는 2차원 (x, y) 영역의 $(M\times N)$개 공간 격자 개수의 벡터라고 가정하면,

$$U(n+1) = A\,U(n) = A^2\,U(n-1) = \cdots$$

$$U^{n+1} = A\,U^n = A^2\,U^{n-1} = \cdots \tag{4.6}$$

이라고 표현할 수 있다. 여기서 A는 유한차분 근사로 결정되고 공간 격자 개수 $(M\times N)\times(M\times N)$개로 구성되는 매트릭스로서 증폭 인자(Amplification Factor)라고 부른다. 이 방법은 A의 고유치 중 가장 큰 고유치가 1보다 크지 않으면 유한차분 방정식은 안정도 조건이 존재하며, 1보다 큰 고유치가 있으면 불안정 조건이다.

A의 고유치를 찾아 크기를 조사하는 이 방법은 경계조건을 포함하고 비선형 유한차분 방정식에도 적용할 수 있는 장점이 있으나, 매트릭스 A의 고유치를 구하기 어렵다는 것이 단점이다.

3) 폰 노이만 방법

이 방법은 Fourier 급수를 도입하여 경계조건을 무시하고 매트릭스 방법을 단순화한 방법이다. 먼저 유한차분 방정식을 선형화하여 식 (4.6)을

$$\widetilde{U}^{n+1} = A\,\widetilde{U}^{n} = A^{2}\,\widetilde{U}^{n-1} = \cdots$$

와 같이 사용한다. 여기서 $\widetilde{U}$는 매트릭스 A에 해당하는 벡터이고 위첨자 $n+1, n, n-1, \cdots$은 시간 차분 인덱스다. 유한차분 방정식의 종속변수 $u(x,t) = u(i,n)$은 공간은 주기함수이고 시간은 진폭이라고 가정하면 변수 $u(i,n)$은

$$u(i,n) = u_i^n = Re\,(B^n e^{ikm\triangle x}) \tag{4.7}$$

이라고 표현할 수 있다. 식 (4.7)의 B는 진폭, n은 시간 차분 인덱스, 위첨자 i는 허수, k는 파수, m은 공간 차분 인덱스다. 안정도를 구하고자 하는 유한차분 방정식에 식 (4.7)을 넣으면 식 (4.6)의 매트릭스 A는 공간 함수만으로 이루어진 증폭 매트릭스(Amplification Matrix)가 된다. A의 고유치들을 구한 후 모든 고유치가 1보다 크지 않으면 유한차분 방정식은 안정하고, 1보다 큰 고유치가 있으면 불안정하다. 이 방법은 미분방정식을 선형화하고 수치해를 식 (4.7)로 가정한 후 유한차분 방정식으로부터 증폭 매트릭스를 구하고 고유치의 크기를 분석하는 방법이다.

| 예제 |

1차원 확산방정식의 안정도 분석

확산방정식 $\frac{\partial u}{\partial t} = K\frac{\partial^2 u}{\partial x^2}$ 에 시간을 전방 차분 근사로 적용하고 공간을 중앙 차분 근사로 적용한 유한차분 방정식은 다음과 같다.

$$\frac{u_i^{n+1} - u_i^n}{\triangle t} = K\frac{u_{i+1}^n - 2u_i^n + u_{i-1}^n}{\triangle x^2} \tag{4.8}$$

K를 상수로 하여 선형화(Linearization)한다. 식 (4.7) $u(i,n) = Re(B^n e^{ikm\triangle x})$를 유한차분 방정식 식 (4.8)에 대입하면

$$\frac{B^{n+1} - B^n}{\triangle t} = \frac{K}{(\triangle x)^2}(2\cos(k\triangle x) - 2)B^n \tag{4.9}$$

과 같이 정리된다. 식 (4.9)를 정리하면

$$B^{n+1} = [1 + \frac{2K\triangle t}{(\triangle x)^2}(\cos(k\triangle x) - 1)]B^n \tag{4.10}$$

이 된다. 식 (4.10)의 증폭 매트릭스 A의 고유치를 구하고 그 크기를 조사한다. A의 크기는 $A = 1 + \frac{2K\triangle t}{(\triangle x)^2}(\cos(k\triangle x) - 1)$ 이고, 그 고유치의 크기는

$$|\lambda| = (1 + \frac{2K\triangle t}{(\triangle x)^2}(\cos(\mu\triangle x) - 1)) \tag{4.11}$$

이다. 여기서 $\frac{K\triangle t}{(\triangle x)^2} = \beta$라 놓고 $|\lambda|$의 크기를 조사한다.

$a)$ $\beta > \frac{1}{2}$ 이거나 $\beta < 0$이면 $|\lambda| > 1$이므로 불안정하다.

$b)$ $0 \le \beta \le \dfrac{1}{2}$이면 $|\lambda| \le 1$이므로 안정하다.

$a)$와 $b)$를 종합하면, $0 \le \dfrac{K\triangle t}{(\triangle x)^2} \le \dfrac{1}{2}$의 경우 안정도 조건을 만족한다. $\dfrac{K\triangle t}{(\triangle x)^2} > \dfrac{1}{2}$의 경우 불안정 조건이다. 최대로 불안정한 파는 $2\triangle x$파다. $0 < \dfrac{K\triangle t}{(\triangle x)^2} < \dfrac{1}{4}$인 경우 수치해는 확산에 의한 감쇠가 실제 감쇠와 유사하다.

1차원 이류방정식의 안정도 분석

이류방정식 $\dfrac{\partial u}{\partial t} + u\dfrac{\partial u}{\partial x} = 0$에 시간과 공간 모두 중앙 차분 근사로 적용한다. 이류항의 이류속도 $u(i,n)$을 상수 c로 놓아 선형화하고 정리하면

$$\frac{u(i,n+1)-u(i,n-1)}{2\triangle t} = -c\frac{u(i+1,n)-u(i-1,n)}{2\triangle x} \tag{4.12}$$

이 된다. 식 (4.7)의 $u(i,n) = Re(B^n e^{ikm\triangle x})$를 유한차분 방정식 식 (4.12)에 대입하여 정리하면

$$\frac{B^{n+1}-B^{n-1}}{2\triangle t} = -\frac{c}{2\triangle x}(2i\sin(k\triangle x))B^n$$

$$B^{n+1} = -\frac{c\triangle t}{\triangle x}(2i\sin(k\triangle x))B^n + B^{n-1} \tag{4.13}$$

이 된다. 식 (4.13)의 A의 고유치를 구하여 크기를 조사하기 위해 식 (4.13)을 매트릭스 형태로 다시 쓰면

$$\begin{bmatrix} B^{n+1} \\ B^n \end{bmatrix} = \begin{bmatrix} -\dfrac{c\triangle t}{\triangle x}(2i\sin(k\triangle x)) & 1 \\ 1 & 0 \end{bmatrix}\begin{bmatrix} B^n \\ B^{n-1} \end{bmatrix} \tag{4.14}$$

이 된다. 식 (4.14)의 오른편 매트릭스는 증폭 매트릭스 A이다. A의 고유치를 구하면

$$\lambda = -[\frac{c\triangle t}{\triangle x}\sin(k\triangle x)]i \pm [1-(\frac{c\triangle t}{\triangle x})^2\sin^2(k\triangle x)]^{\frac{1}{2}} \tag{4.15}$$

이 된다. 이제 $\beta = \dfrac{c\triangle t}{\triangle x}\sin(k\triangle x)$라 하면 고유치의 크기는 $|\lambda| = |-\beta \pm \sqrt{\beta^2-1}\,|$이 된다. 안정도 조건은 다음과 같다.

a) $\beta > 1$이면, $|\lambda_1| = |-\beta - \sqrt{\beta^2-1}\,| > 1$이고 $|\lambda_2| = |-\beta + \sqrt{\beta^2-1}\,| < 1$이므로 불안정하다.

b) $\beta < 1$이면, $|\lambda| = [\beta^2 + (\sqrt{1-\beta^2}\,)^2]^{\frac{1}{2}} = 1$이므로 중립이다.

c) $\beta = 1$이면 안정하다.

a)~*c*)를 종합하면, $0 \le |\sin(k\triangle x)| \le 1$이므로 $\dfrac{c\triangle t}{\triangle x} > 1$의 경우, $|\lambda| > 1$이 되어 불안정하다. 최대의 불안정 조건은 파동이 $4\triangle x$파인 경우다. $0 < \dfrac{c\triangle t}{\triangle x} \le 1$이면 안정도 조건을 만족한다.

제4절 | 타원형 방정식과 수렴성

대기과학의 타원형 편미분 방정식은 Poisson 방정식, Helmholtz 방정식 등의 형태를 가지며, 그 해는 경계조건에 의해 결정된다. 경계조건에는 Dirichlet 조건, Neumann 조건, Cauchy 조건 등이 있다. Dirichlet 조건은 경계에 함수의 값을 지정하고 Neumann 조건은 경계에 직교하는 방향에서의 미분값을 지정한다. Cauchy 조건은 Dirichlet 조건과 Neumann 조건을 결합한 형태로, Dirichlet 조건의 경우와 같이 함수의 값을 주어야 유일해를 얻을 수 있다. 그렇게 하지 않으면 Neumann 조건과 Cauchy 조건은 여러 개의 해를 가질 수 있어 모호성이 발생할

수 있다.

타원형 편미분 방정식의 유한차분 방정식을 푸는 방법으로는 직접법(Direct Method)과 반복법(Iterative Method)이 있다. 직접법은 유한차분 방정식을 매트릭스로 정리하여 경계조건과 함께 해를 구하는 방식이다. 매트릭스를 직접 푸는 것이 쉽지 않을 뿐만 아니라 격자점 개수가 많아지면 매트릭스 차원이 아주 커지므로 계산 자체가 불가능할 수 있다. 하지만 직접법은 정확도가 크고 매트릭스를 효율적으로 풀기 위한 다양한 기법이 존재한다. 예를 들어, 직접법 중에서 가우스 소거법(Gaussian Elimination)은 매트릭스를 직접 풀지 않고 상대적으로 쉽게 적용할 수 있는 방법이다.

반복법은 적절한 초깃값을 설정한 후, 반복 계산을 통해 정확한 해(해석해)에 점차 접근하는 방식이다. 이 방법의 핵심은 반복 계산으로 얻은 해와 정확한 해 사이의 차이가 점차 작아져 결국 0에 수렴하는 것이다. 즉, 정확한 해와 반복 계산으로 얻은 해 사이의 차이가 아주 작아지면 해가 수렴한다는 조건이다. u를 정확한 해라고 가정하고, n을 반복한 횟수, 그리고 $u^{(n+1)}$을 $n+1$번 반복하여 얻은 해라고 가정하자. 만일 $n \to \infty$일 때

$$|u^{(n+1)} - u| \to 0 \tag{4.16}$$

이면 수렴하여 $u^{(n+1)}$을 해로 간주한다. 그러나 해석해 u를 알지 못하기 때문에 수치해 $u^{(n+1)}$이 수렴한다고 가정하면 n이 아주 클 때 $u^{(n+1)}$과 $u^{(n)}$은 비슷할 것이다. 즉, 반복법으로 얻은 해가 수렴하게 되면, $n \to \infty$일 때 $|u^{(n+1)} - u^{(n)}| \to 0$이 가능할 것이고, 그러면 $u^{(n+1)}$과 $u^{(n)}$은 거의 같다고 보아 $u^{(n+1)}$과 $u^{(n)}$ 중 하나를 수치해로 선택한다. 반복법에는 Jacobi 방법, Gauss-Seidel 방법, 동시 완화(Simultaneous Relaxation) 방법 또는 SOR(Successive Over-Relaxation) 방법이 있다. 이 가운데 SOR 방법은 Gauss-Seidel 방법의 반복 횟수를 줄이기 위해 수렴을 가속하는 가속 인자(Acceleration Factor)를 적용하는 방식으로, 거의 모든 경우에 수렴한다.

직접법으로 구한 해는 계산 과정에서 영역 전체의 라운딩 오차를 가질 수 있으나 직접법은 대체로 반복법보다 정확한 반면 해를 구하기 어렵다. 반복법은 해를 구하

기 쉽고 비선형 방정식에도 적용할 수 있으나 직접법과 비교하여 오차가 상대적으로 크다.

대기과학에서는 다양한 타원형 방정식이 있다. Poisson 방정식형인 부시네스크 방정식계의 진단방정식 $\nabla^2 p = F$의 경우다. 여기서 $\nabla^2 = \frac{\partial^2}{\partial x^2} + \frac{\partial^2}{\partial y^2}$는 라플라시안 연산자, p는 기압, F는 강제력이다. 준지균 방정식계의 와도 방정식 $\nabla^2 \psi = \zeta$에서 ψ는 유선 함수, ζ는 와도다. 준지균 방정식계의 오메가 방정식 $\nabla^2 \omega = F$에서 ω는 압력 좌표계의 연직방향 속도, F는 강제력이다. 속도의 발산 성분 $\nabla^2 \chi = D$에서 χ는 속도 포텐셜, D는 발산이다. 상당 순압 방정식(Equivalent Barotropic Equation) $\nabla^2 \psi + A\psi = F$에서도 ψ는 유선 함수, A는 계수, F는 강제력이다.

| 예제 |

Laplace 방정식의 수치해를 구하는 문제

Laplace 방정식 $\frac{\partial^2 u}{\partial x^2} + \frac{\partial^2 u}{\partial y^2} = 0$은 영역 $0 \le x \le 1,\ 0 \le y \le 1$의 구간에서 경계조건은 $u(0,y) = 0,\ u(1,y) = 1,\ u(x,0) = 0,\ u(x,1) = 1$을 만족한다.

공간 차분 방정식을 중앙 차분으로 근사하면

$$\frac{u_{i-1,j} + u_{i+1,j} - 2u_{i,j}}{\Delta x^2} + \frac{u_{i,j-1} + u_{i,j+1} - 2u_{i,j}}{\Delta y^2} = 0 \tag{4.17}$$

이 된다. 편의상 격자 간격을 $\Delta x = \Delta y = \frac{1}{3}$이라고 놓으면,

$$u_{i-1,j} + u_{i+1,j} + u_{i,j-1} + u_{i,j+1} - 4u_{i,j} = 0 \tag{4.18}$$

이 된다. 식 (4.18)의 수치해를 얻기 위해 그림 4.1과 같이 설정하여 u_1, u_2, u_3, u_4를 구한다. 경계조건을 적용하면 식 (4.18)은

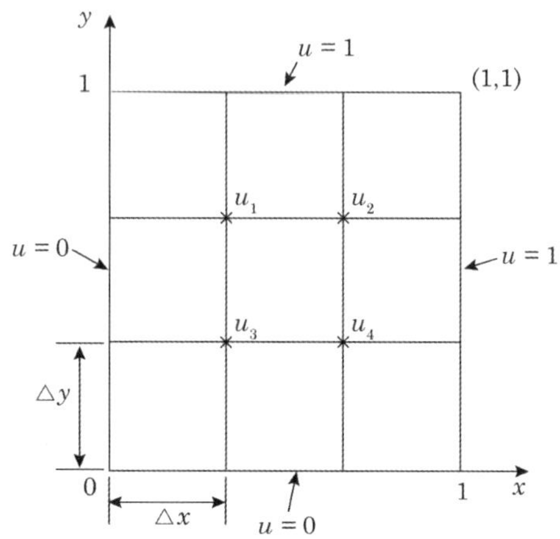

그림 4.1 (x, y)좌표계에서 수치해를 구하기 위한 격자점(×)의 위치.

$$
\begin{aligned}
&u_2 + u_3 - 4u_1 = -1 \\
&u_1 + u_4 - 4u_2 = -2 \\
&u_1 + u_4 - 4u_3 = 0 \\
&u_2 + u_3 - 4u_4 = -1
\end{aligned} \tag{4.19}
$$

이 되고, 식 (4.19)를 다시 정리하면

$$
\begin{aligned}
-4u_1 + u_2 + u_3 &= -1 \\
u_1 - 4u_2 + u_4 &= -2 \\
u_1 - 4u_3 + u_4 &= 0 \\
u_2 + u_3 - 4u_4 &= -1
\end{aligned} \tag{4.20}
$$

이라고 표현된다. 식 (4.20)은 간단한 매트릭스로 만들어 직접 u_1, u_2, u_3, u_4를 구한다.

이때 $u_i(i = 1, \cdots, N)$의 N이 아주 크면 매트릭스로 직접 풀기 쉽지 않다. 이 문제에서 해를 더 정확하게 구하기 위해 $\Delta x = \Delta y = \frac{1}{100}$을 적용하면, 식 (4.20)의 매트릭스 차원이 100×100 수준이 되어 계산상 크게 어려움이 없지만, $\Delta x = \Delta y = \frac{1}{1000}$의 경우 매트릭스 차원이 너무 커져서 해를 구하기 어려울 수 있다.

1) 반복법(Iterative Method)

다항식을 다음과 같이 간단히 쓸 수 있다.

$$a_{11}u_1 + a_{12}u_2 + a_{13}u_3 + \cdots + a_{1i}u_i = b_1$$

$$a_{21}u_1 + a_{22}u_2 + a_{23}u_3 + \cdots + a_{2i}u_i = b_2$$

$$a_{31}u_1 + a_{32}u_2 + a_{33}u_3 + \cdots + a_{3i}u_i = b_3$$

$$\cdots\cdots$$

$$a_{i1}u_1 + a_{i2}u_2 + a_{i3}u_3 + \cdots + a_{ii}u_i = b_i \tag{4.21}$$

여기서 $u_i(i = 1, 2, \cdots)$는 해를 구하기 위한 변수이고, $a_{ii} \neq 0$ $(i = 1, 2, \cdots)$이다. 따라서 식 (4.21)을 다시 정리하면

$$u_1 = \frac{1}{a_{11}}(b_1 - a_{12}u_2 - a_{13}u_3 - \cdots - a_{1i}u_i)$$

$$u_2 = \frac{1}{a_{22}}(b_2 - a_{21}u_1 - a_{23}u_3 - \cdots - a_{2i}u_i)$$

$$u_3 = \frac{1}{a_{33}}(b_3 - a_{31}u_1 - a_{32}u_2 - \cdots - a_{3i}u_i)$$

$$\cdots\cdots$$

$$u_i = \frac{1}{a_{ii}}(b_i - a_{i1}u_1 - a_{i2}u_2 - \cdots - a_{ii-1}u_{i-1}) \tag{4.22}$$

이 되고 식 (4.22)는 u_i들이 계산되기 위한 표현이다. 식 (4.22)에 반복법을 적용할 수 있도록 위첨자인 (n)은 현재 값, 위첨자 $(n+1)$은 반복해서 구한 다음 값으로 표현하면

$$u_1^{(n+1)} = \frac{1}{a_{11}}(b_1 - a_{12}u_2^{(n)} - a_{13}u_3^{(n)} - \cdots - a_{1i}u_i^{(n)})$$

$$u_2^{(n+1)} = \frac{1}{a_{22}}(b_2 - a_{21}u_1^{(n)} - a_{23}u_3^{(n)} - \cdots - a_{2i}u_i^{(n)})$$

$$u_3^{(n+1)} = \frac{1}{a_{33}}(b_3 - a_{31}u_1^{(n)} - a_{32}u_2^{(n)} - \cdots - a_{3i}u_i^{(n)})$$

$$\cdots\cdots$$

$$u_i^{(n+1)} = \frac{1}{a_{ii}}(b_i - a_{i1}u_1^{(n)} - a_{i2}u_2^{(n)} - \cdots - a_{ii-1}u_{i-1}^{(n)}) \tag{4.23}$$

과 같이 된다. 식 (4.23)에서 오른편의 값들을 알면 왼편 u_i들을 구할 수 있는 표현이다. 먼저 $n=0$으로 시작하여 $u_i^{(0)}=0$ 값을 넣는다. $u_i^{(0)}$에 어떤 값을 주어도 문제가 없으나 해의 크기를 추정하여 비슷한 수를 넣는 방법이 바람직하고, 해와 동떨어진 값을 사용할 경우 반복 횟수가 증가할 수 있다. 이제 n번 반복 계산한 후 $|u_i^{(n+1)} - u_i^{(n)}| = \epsilon$을 이용하여 모든 $u_i(i=1, 2, \cdots)$에 대해 원하는 ϵ값보다 작으면 $u_i^{(n+1)}$ 또는 $u_i^{(n)}$을 해로 정한다. 이 방법이 Jacobi 방법이다.

식 (4.23)의 첫 식에서 $u_1^{(n+1)}$이 이미 구해졌으므로 둘째 식에서 $u_1^{(n)}$ 대신에 $u_1^{(n+1)}$을 바로 적용하면 계산 과정에서 반복 횟수를 줄일 수 있다는 이점이 있다. 계속하여 셋째 식에서 $u_1^{(n)}$ 대신에 $u_1^{(n+1)}$을 바로 적용하고 $u_2^{(n)}$ 대신에 둘째 식에서 얻은 $u_2^{(n+1)}$을 적용한다. 같은 방식으로 마지막 식에서 $u_1^{(n)}$ 대신에 $u_1^{(n+1)}$을 바로 적용하고 $u_2^{(n)}$ 대신에 $u_2^{(n+1)}$을 적용하고 계속해서 이미 얻은 값들을 적용하여 끝으로 $u_{i-1}^{(n)}$ 대신에 이미 얻은 $u_{i-1}^{(n+1)}$을 사용하면 계산 과정에서 반복 횟수를 줄여서 해를 빠르게 구할 수 있다. 이 방법이 Gauss-Seidel 방법이다. Jacobi 방법과 Gauss-Seidel 방법은 모든 경우에 반드시 수렴하여 해가 얻어지는 것은 아니다. SOR 방법은 계산 속도를 높이기 위해 가속 또는 완화 인자를 적용하며, 이를 통해 수렴이 가속된다.

2) 동시 완화(Simultaneous Relaxation)

동시 완화 또는 SOR 방법을 타원형 편미분 방정식인 2차원 준지균 방정식계의 오메가 방정식에 적용한다. 오메가 방정식을 $\nabla^2\omega = F$ 라고 쓸 수 있는데, 여기서 $\nabla^2 = \frac{\partial^2}{\partial x^2} + \frac{\partial^2}{\partial y^2}$, $\omega = \frac{dp}{dt}$, F는 강제력이다. 오메가 방정식에 중앙 차분 근사를 적용하면 유한차분 방정식은

$$\nabla^2\omega_{i,j} = \frac{1}{\triangle x^2}(\omega_{i+1,j} + \omega_{i,j+1} + \omega_{i,j-1} + \omega_{i-1,j} - 4\omega_{i,j}) = F_{i,j} \qquad (4.24)$$

이다. 여기서 x-방향과 y-방향의 격자 간격을 같도록 놓았다($\triangle x = \triangle y$). 만일 격자점 (i,j)의 $\omega_{i,j}$가 정확한 수치해라고 가정하면

$$\frac{1}{\triangle x^2}(\omega_{i+1,j} + \omega_{i,j+1} + \omega_{i,j-1} + \omega_{i-1,j} - 4\omega_{i,j}) - F_{i,j} = 0 \qquad (4.25)$$

이 된다. 그러나 반복법을 적용하여 m번 반복 계산하였는데 $\omega_{i,j}$가 정확하지 않으면, 식 (4.25)의 오른편이 0이 되지 않는다. 따라서 이 경우는

$$\frac{1}{\triangle x^2}(\omega^m_{i+1,j} + \omega^m_{i,j+1} + \omega^m_{i,j-1} + \omega^m_{i-1,j} - 4\omega^m_{i,j}) - F_{i,j} = R^m_{i,j} \qquad (4.26)$$

라고 표현할 수 있다. 식 (4.26)에서 $R^m_{i,j}$는 $\omega^m_{i,j}$가 정확하지 않기 때문에 m번째에서 발생하는 나머지다. 그런데 만일 식 (4.26)이 m+1번째에서 $|\omega^{m+1}_{i,j} - \omega^m_{i,j}| \to 0$이 되고, 즉 $R^m_{i,j} \to 0$이 된다면

$$\frac{1}{\triangle x^2}(\omega^m_{i+1,j} + \omega^m_{i,j+1} + \omega^m_{i,j-1} + \omega^m_{i-1,j} - 4\omega^{m+1}_{i,j}) - F_{i,j} = 0 \qquad (4.27)$$

이라고 놓을 수 있다. 식 (4.27)에서 식 (4.26)을 빼면

$$\omega^{m+1}_{i,j} = \omega^m_{i,j} + \frac{\triangle x^2}{4}R^m_{i,j} \qquad (4.28)$$

이 된다. 식 (4.28)에서 반복 계산으로 구한 $m+1$번째 값은 m번째 값과 나머지 값 $R_{i,j}^{m}$의 $\frac{\triangle x^2}{4}$을 합한 것이다. 즉, $\omega_{i,j}^{m+1}$은 $\omega_{i,j}^{m}$보다 $\frac{1}{4}$로 줄었다는 의미다. $\omega_{i,j}^{m+1}$과 $\omega_{i,j}^{m}$ 사이의 차이가 구하고자 하는 해의 정확도 수준(ϵ)이 되면, 즉 모든 점 (i, j)에서 $|\omega_{i,j}^{m+1}-\omega_{i,j}^{m}| \le \epsilon$이면, 반복 계산을 멈추고 $\omega_{i,j}^{m+1}$ 또는 $\omega_{i,j}^{m}$을 해로 선택한다. 이 과정이 동시 완화 방법이다. 이때 동시 완화를 가속하기 위해 완화 인자(Relaxation Factor) α를 $R_{i,j}^{m}$에 추가하면 $R_{i,j}^{m}$의 감소를 가속할 수 있다. 즉,

$$\omega_{i,j}^{m+1} = \omega_{i,j}^{m} + \frac{\alpha \triangle x^2}{4} R_{i,j}^{m} \tag{4.29}$$

와 같이 적용한다.

식 (4.29)를 반복할 때 수렴이 어떻게 진행되는가를 조사하기 위해 만일 $\omega_{i,j}^{m}$을 정확한 값 $\omega_{i,j}^{*}$과 비교하여 서로 같지 않다고 하자. 그러면 오차 $\omega_{i,j}^{m+1} - \omega_{i,j}^{*} = \kappa_{i,j}^{m+1}$ 또는 오차 $\omega_{i,j}^{m} - \omega_{i,j}^{*} = \kappa_{i,j}^{m}$이라 가정할 수 있다. 오차 κ를 공간의 주기함수 $\kappa_{i,j} = \hat{\kappa} e^{ia(i\triangle x)+ib(j\triangle y)}$이라 가정하여 2차 미분에 적용하면 오차의 2차 미분은

$$\nabla_{i,j}^{2}\kappa \rightarrow \hat{\kappa}[2\cos(a\triangle x) + 2\cos(b\triangle y)] - 4 \tag{4.30}$$

가 된다. 여기서 κ와 $\hat{\kappa}$는 파수, a와 b는 상수다. 그리고 식 (4.29)는

$$\hat{\kappa}^{m+1} = [1+\alpha(\frac{1}{2}\cos(a\triangle x) + \frac{1}{2}\cos(b\triangle y) - 1)]\,\hat{\kappa}^{m} \tag{4.31}$$

이 된다. 식 (4.31)의 오른편 계수 $[1+\alpha(\frac{1}{2}\cos(a\triangle x)+\frac{1}{2}\cos(b\triangle y)-1)]$은 증폭 매트릭스이고 확산방정식과 유사한 감쇠 역할을 한다. 달리 표현하면 식 (4.29)는 나머지 $R_{i,j}^{m}$을 주변 4개 격자점에 확산시켜 수렴한다는 의미다. 일반성을 잃지 않고 편의상 $\triangle x = \triangle y$, $a=b$라고 놓으면, 식 (4.31)은

$$\hat{\kappa}^{m+1} = [1+\alpha(\cos(b\triangle y)-1)]\,\hat{\kappa}^{m} \tag{4.32}$$

이 된다. 식 (4.32)의 고유치의 크기는

$$|\lambda| = |(1-\alpha) + \alpha\cos(b\triangle y)| \tag{4.33}$$

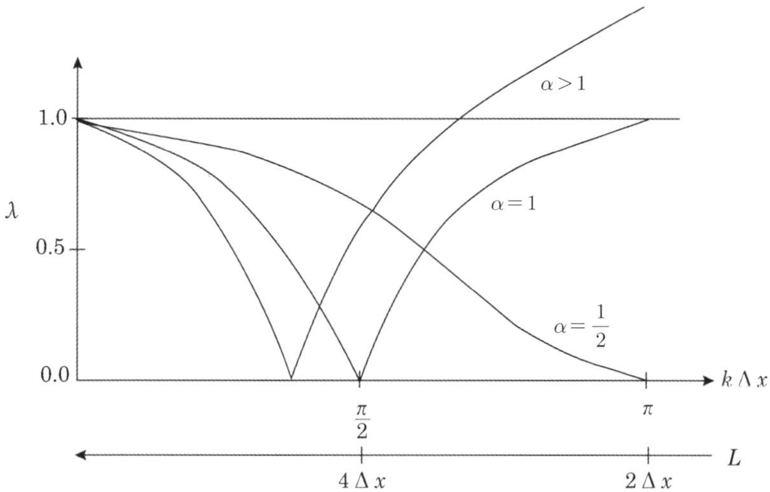

그림 4.2 SOR 방법의 완화 인자 α에 의한 완화 효과.
α의 크기에 따라 완화되는 파장의 구간이 다르다. $\alpha > 1$의 경우 큰 파장에서, $\alpha < 1$(이 그림에서 $\alpha = \frac{1}{2}$)의 경우 작은 파장에서 완화 효과가 크다.

이다. 식 (4.33)에서 완화 인자가 1보다 작으면($\alpha < 1$) 과소완화(Under Relaxation)의 경우로서 작은 규모 현상(파장이 작은 경우)에서 수렴이 가속되고, $\alpha > 1$이면 과완화(Over Relaxation)의 경우로서 대규모 현상(파장이 큰 경우)에서 수렴이 가속된다. 과완화($\alpha > 1$)의 경우가 SOR 방법이다(그림 4.2).

3) 직접법(Direct Method)

2차원 오메가 방정식 $\nabla^2 \omega = F$의 유한차분 방정식, 식 (4.24)를 사용하여

$$(\omega_{i+1,j} + \omega_{i,j+1} + \omega_{i,j-1} + \omega_{i-1,j} - 4\,\omega_{i,j}) = (\Delta x)^2 F_{i,j} \tag{4.34}$$

와 같이 쓴다. 여기서 $\Delta x = \Delta y$를 적용하였다. 식 (4.34)를 공간 i-방향으로 M개의 격자점 그리고 j-방향으로 N개의 격자점이 있는 영역에서 유한차분 방정식으로 표현하면 $(M \times N) \times (M \times N)$차원 매트릭스가 된다. 따라서 식 (4.34)는

$$
\begin{bmatrix}
-4 & 1 & & & & \\
1 & -4 & 1 & & & \\
0 & 1 & -4 & 1 & & \\
 & & \cdot & & & \\
 & & & \cdot & & \\
 & & & & \cdot & \\
 & & & & & \\
 & & & & 1 & -4
\end{bmatrix}
\begin{bmatrix}
\omega_{1,1} \\ \omega_{2,1} \\ \omega_{3,1} \\ \cdot \\ \cdot \\ \cdot \\ \\ \omega_{M,N}
\end{bmatrix}
=
\begin{bmatrix}
(\triangle x)^2 F_{1,1} \\ (\triangle x)^2 F_{2,1} \\ (\triangle x)^2 F_{3,1} \\ \cdot \\ \cdot \\ \cdot \\ \\ (\triangle x)^2 F_{M,N}
\end{bmatrix}
\qquad (4.35)
$$

와 같이 정리된다. 식 (4.35)의 벡터 요소 $\omega_{1,1} \cdots \omega_{M,N}$은 $(M\times N)$차원이고, 편의상 경계의 값을 0으로 놓았다. 식 (4.35)의 매트릭스는 첫 열의 요소 (−4 1)과 마지막 열의 요소 (1 −4)를 제외하면 모든 열의 요소는 (1 −4 1)이고 그 외의 다른 요소들은 0이다. 식 (4.35)의 $(M\times N)\times(M\times N)$차원 매트릭스를 D라 놓고 Ω와 G는 각각 $(M\times N)$차원 벡터라 하면 식 (4.35)를 $D\Omega = G$로 간단히 표현할 수 있다. M과 N이 커지면 매트릭스의 차원이 매우 커지고, 또 매트릭스의 요소 중 0인 요소가 너무 많으므로 이를 직접 푸는 것은 비효율적이다. 따라서 매트릭스를 직접 풀지 않고 매트릭스를 변형해 해를 구하는 방법을 적용한다. 그러한 방법에는 가우스 소거법, Triangular Decomposition 방법, Block Cyclic Reduction 방법 등이 있다.

연습문제

1) 확산방정식 $\frac{\partial u}{\partial t} = K \frac{\partial^2 u}{\partial x^2}$ 를 시간과 공간 모두 중앙 차분 근사를 적용하면

$$\frac{u_i^{n+1} - u_i^{n-1}}{\triangle t} = K \frac{u_{i+1}^n - 2u_i^n + u_{i-1}^n}{\triangle x^2}$$

이 되며, 이를 등넘기 방안(Leap-Frog Scheme)이라 한다. 폰 노이만 방법을 사용하여 안정도 조건을 구하시오. 확산계수 K는 상수다.

2) 이류방정식 $\frac{\partial u}{\partial t} = -u_0 \frac{\partial u}{\partial x}$ 를 시간은 전방 차분 근사를, 공간은 중앙 차분 근사를 적용한 유한차분 방정식

$$\frac{u_i^{n+1} - u_i^n}{\triangle t} = -u_0 \frac{u_{i+1}^n - u_{i-1}^n}{2\triangle x}$$

의 안정도 조건을 구하시오. 이류속도 u_0는 상수다.

또 방정식 $\frac{\partial u}{\partial t} = -u_0 \frac{\partial u}{\partial x}$에 확산항 $-Ku$를 첨가하면 이류방정식은 $\frac{\partial u}{\partial t} = -u_0 \frac{\partial u}{\partial x} - Ku$가 되고 이 유한차분 방정식은

$$\frac{u_i^{n+1} - u_i^n}{\triangle t} = -u_0 \frac{u_{i+1}^n - u_{i-1}^n}{2\triangle x} - Ku_i^n$$

이 된다. 안정도 조건을 구하고, 또 이류속도와 확산계수 사이의 관계를 설명하시오. 확산계수 K는 상수다.

3) 함수 $u(x,y)$는 구간 $0 < x < 4$와 $0 < y < 4$의 정사각형 영역에서 Laplace 방정식 $\frac{\partial^2 u}{\partial x^2} + \frac{\partial^2 u}{\partial y^2} = 0$을 만족한다. 경계조건은 $x = 0$과 $y = 0$ 선을 따라 $u(x,y) = 0$이고, 구간 $0 \le x \le 4$에서 $y = 4$ 선을 따라 $u(x,y) = x^3$이고, 구간 $0 \le y \le 4$에서 $x = 4$ 선을 따라 $u(x,y) = 16y$이다. 정사각형 한 변의 길이는 1이다. $\Delta x = \Delta y = \frac{1}{4}$을 사용하여 구간 $0 < x < 4$와 $0 < y < 4$ 내의 점 9개의 값을 구하고자 한다. 계산에 도움이 되도록 아래 그림과 같이 설계하고 질문에 답하시오.

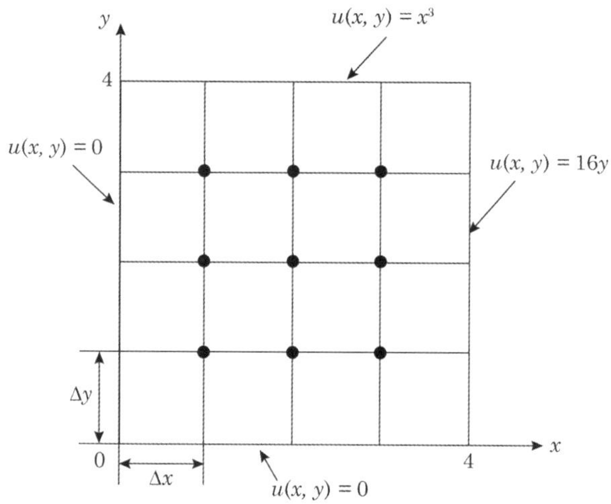

a) 이 Laplace 방정식을 유한차분 방정식으로 표현하시오.

b) 직접법을 사용하여 수치해를 구하시오.

c) Jacobi 방법, Gauss-Seidel 방법, SOR 방법을 사용하여 수치해를 구하시오.

d) 결과를 비교하고 토의하시오.

4) 다음 선형 방정식계를 반복법의 Jacobi 방법과 Gauss-Seidel 방법을 사용하여 수치해를 구하시오. 이 방정식은 Jacobi 방법을 사용하면 수렴하고 Gauss-Seidel 방법을 사용하면 수렴하지 않는데, 그 이유를 증명하시오.

$$x_1 + 2x_2 - 2x_3 = 1$$
$$x_1 + x_2 + x_3 = 3$$

$$2x_1 + 2x_2 + x_3 = 5$$

5) 2차원 오메가 방정식 $\nabla^2\omega = F$의 유한차분 방정식

$$(\omega_{i+1,j} + \omega_{i,j+1} + \omega_{i,j-1} + \omega_{i-1,j} - 4\omega_{i,j}) = (\triangle x)^2 F_{i,j}$$

을 공간에 대하여 x-방향으로 4개의 격자점, y-방향으로 4개의 격자점을 가진 2차원 (x,y) 영역의 유한차분 방정식을 매트릭스로 표현하시오. 이때 경계에서 값이 0, $\triangle x = \triangle y$라 가정한다.

6) 식 (4.33) $|\lambda| = |(1-\alpha) + \alpha\cos(b\triangle y)|$를 증명하고 59쪽 그림 4.2의 α값에 대한 동시 완화를 확인하시오.

7) z-좌표계의 일정한 흐름(Steady Flow)에서 기본 상태(Basic State)의 선형 2차원 (x,z) 부시네스크 방정식은 다음과 같이 주어진다.

$$\frac{1}{\rho_0}\frac{\partial p'}{\partial x} = \nu\nabla^2 u$$: 동서성분 방향 운동방정식

$$\frac{1}{\rho_0}\frac{\partial p'}{\partial z} = \nu\nabla^2 w + g\frac{T'}{T_0}$$: 연직성분 방향 운동방정식

$$K\nabla^2 T' = 0$$: 열역학방정식

$$\frac{\partial u}{\partial x} + \frac{\partial w}{\partial z} = 0$$: 연속방정식

여기서 $p' = p - p_0$, $T' = T - T_0$, $\rho_0 = 1.225\times 10^{-3}\,gr\,cm^{-3}$, $p_0 = T_0 =$ 일정, $\nu =$ 점성$(0.132\,cm^2 s^{-1})$, $K =$ 전도율$(0.186\,cm^2 s^{-1})$이다.
경계조건은 $T'(x,z) = T'(-\frac{L}{2}, z) = T'(\frac{L}{2}, z) = T'(x, L) = 0$이고,
초기조건은 $T'(x,t) = T'(x,0) = 0\,^\circ\mathrm{C}\ (x < -\frac{L}{4})$, $5\,^\circ\mathrm{C}\ (-\frac{L}{4} \le x \le \frac{L}{4})$, $0\,^\circ\mathrm{C}\ (x > \frac{L}{4})$이다.

이 방정식계를 아래 그림과 같이 한 변의 길이가 $L(=10cm)$인 정사각형 지역에 적용한다. 이 지역에 8×8의 격자점 간격($\triangle x$, $\triangle z$)을 설정한다. 경계를 포함하여 격자점 개수는 9×9이다.

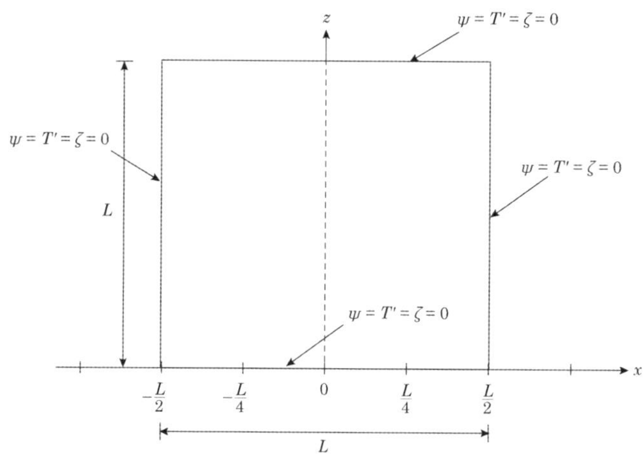

a) 식 (2.1)~식 (2.6)을 사용하여 주어진 부시네스크 방정식계를 유도하시오.

b) 주어진 영역의 온도 편차 T'의 분포를 구하고 그림에 T'의 등치선을 그려 넣으시오.

c) y-방향 와도 $\eta=\nabla^2\psi$의 분포를 계산하시오. 여기서 $\eta=\dfrac{\partial w}{\partial x}-\dfrac{\partial u}{\partial z}$이다. 영역의 경계에서 $\dfrac{\partial \psi}{\partial x}=\dfrac{\partial \psi}{\partial z}=0$, 즉 유선 함수 $\psi=$일정이다. 경계에서 $\eta=0$, $\psi=0$으로 가정한다.

d) 타원형 방정식 $\eta=\nabla^2\psi$을 사용하여 유선 함수 ψ의 값을 계산하고 그 분포를 그리시오. $\dfrac{\partial \psi}{\partial x}=\dfrac{\partial \psi}{\partial z}=0$이므로 유선 함수 $\psi=$일정이다. 경계에서 $\eta=0$, $\psi=0$으로 가정한다.

제 5 장

유한차분법의 수치해

제1절 | 유한차분 근사의 오차

이제 수치해법으로 얻은 수치해가 해석해와 어느 정도의 오차를 가지는가를 해석하기 위해 1차 미분과 2차 미분의 오차, 그리고 간단한 미분방정식에서 수치해의 절단 오차, 파장, 속도 등의 오차를 분석한다.

1) 절단 오차

1차 미분 $\left(\dfrac{\partial u}{\partial x}\right)$의 경우, 사인함수 $u(x)=\sin\left(\dfrac{2\pi x}{L}\right)=\sin\left(\dfrac{2\pi m\triangle x}{L}\right)$를 적용하여 분석한다. 함수 $u(x)$의 1차 미분은 $\dfrac{\partial u}{\partial x}=\dfrac{2\pi}{L}\cos\left(\dfrac{2\pi x}{L}\right)=\dfrac{2\pi}{L}\cos\left(\dfrac{2\pi m\triangle x}{L}\right)$가 된다. 여기서 m은 격자점 인덱스, $x=m\triangle x$, $\triangle x=\dfrac{L}{N}$이다. N은 한 파장(L) 내의 격자 간격 $\triangle x$의 개수다. 함수 $u(x)=\sin\left(\dfrac{2\pi x}{L}\right)$의 1차 미분의 중앙 차분 근사는

$$\left[\frac{\partial u}{\partial x}\right]_m = \frac{u_{m+1} - u_{m-1}}{2\triangle x} = \frac{1}{2\triangle x}\left[\frac{\sin(2\pi(m+1)\triangle x}{L} - \frac{\sin(2\pi(m-1)\triangle x)}{L}\right]$$

$$= \frac{\sin(\frac{2\pi\triangle x}{L})}{\triangle x}\cos(\frac{2\pi m\triangle x}{L}) \tag{5.1}$$

이 된다. 1차 미분의 중앙 유한차분 근사는 $O((\triangle x)^2)$ 또는 $O(\triangle x^2)$의 오차 수준을 가진다. $u(x)$의 1차 미분 $\frac{\partial u}{\partial x}$와 유한차분 미분 근사인 식 (5.1)의 비율은

$$\frac{\frac{\partial u}{\partial x}}{\left[\frac{\partial u}{\partial x}\right]_m} = \frac{\sin(\frac{2\pi}{N})}{\frac{2\pi}{N}} \tag{5.2}$$

이다. 식 (5.2)를 살펴보면, $N \to \infty$(또는 $\triangle x \to 0$)일 경우 이 비율은 1에 접근하여 미분과 유한차분 미분은 거의 같다. $N=$ 20, 10, 4, 2일 경우, 이 비율은 각각 0.984, 0.936, 0.635, 0.000이다. N이 4 미만일 때, 즉 한 파장 내 격자점 수가 4개 미만이면 유한차분 미분은 의미가 없다. 유한차분 근사를 하면 한 파장을 해석하기 위해서 적어도 5개의 격자점 그리고 4개의 $\triangle x$ 구간이 필요하다. 따라서 $N=$ 2(한 파장에 $\triangle x$가 2개)의 경우, 유한차분 미분은 $2\triangle x$ 파장을 전혀 해석하지 못한다. 결국 $\triangle x$가 아주 작으면(또는 N이 아주 크면) 유한차분 미분은 미분값에 근접

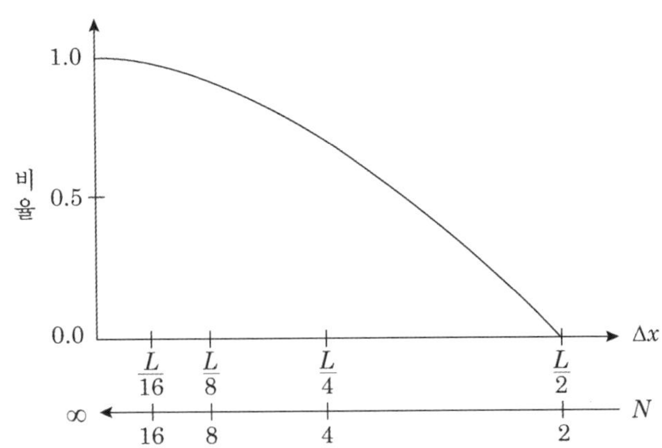

그림 5.1 1차 미분의 해석해와 수치해의 비율을 $\triangle x$와 N의 함수로 나타낸 오차. N이 10 미만일 경우 정확도가 낮고 4 미만일 경우 수치해는 별로 의미가 없다는 것을 보여 준다.

한다. 1차 미분의 중앙 유한차분 오차 $O(\triangle x^2)$의 의미는 오차가 $\triangle x$의 2승 차수이므로 N이 증가하면 더욱 빨리 감소한다는 것이다(그림 5.1).

2차 미분 $\left(\dfrac{\partial^2 u}{\partial x^2}\right)$의 경우, 사인함수 $u(x)=\sin\left(\dfrac{2\pi x}{L}\right)=\sin\left(\dfrac{2\pi m\triangle x}{L}\right)$를 적용하면 $\dfrac{\partial^2 u}{\partial x^2}=-(\dfrac{2\pi}{L})^2\sin\left(\dfrac{2\pi m\triangle x}{L}\right)$이다. 2차 미분의 중앙 차분 근사는 식 (5.1)과 같이 전개하여 정리하면

$$\left[\frac{\partial^2 u}{\partial x^2}\right]_m=\frac{u_{m+1}-2u_m+u_{m-1}}{(\triangle x)^2}=2(\cos(\frac{2\pi}{N})-1)\sin(\frac{2\pi m\triangle x}{L}) \tag{5.3}$$

가 된다. 함수 $u(x)$의 2차 미분과 유한차분 2차 미분의 비율은

$$\frac{\dfrac{\partial^2 u}{\partial x^2}}{\left[\dfrac{\partial^2 u}{\partial x^2}\right]_m}=\frac{2(1-\cos(\dfrac{2\pi}{N}))}{(\dfrac{2\pi}{N})^2} \tag{5.4}$$

이다. 2차 미분의 중앙 유한차분 역시 $O(\triangle x^2)$의 오차 수준을 가진다. 식 (5.4)는 1차 미분의 경우처럼 $N\rightarrow\infty$일 때 이 비율이 1에 접근한다는 것을 보여 준다. $N=20$, 10, 4, 2, 1일 경우, 이 비율은 각각 0.992, 0.968, 0.813, 0.405, 0.000이다. 1차 미분의 경우보다 함수가 더 정확하다(그림 5.2). 그 이유는 1차 미분에서는 격자점 2개를 사용하고 2차 미분에서는 격자점 3개를 사용하여 격자점 수가 더 많기 때문이다. 간단한 사인함수로 표현된 파동을 적용한 예에서 볼 수 있듯이 1차 및 2차 미분의 중앙 차분 근사는 적용한 격자점 수가 많을수록 식 (5.2) 및 식 (5.4)와 같이 비율의 감소가 작아지고, 격자점 수가 적을수록 비율의 감소가 커지는 것을 알 수 있다.

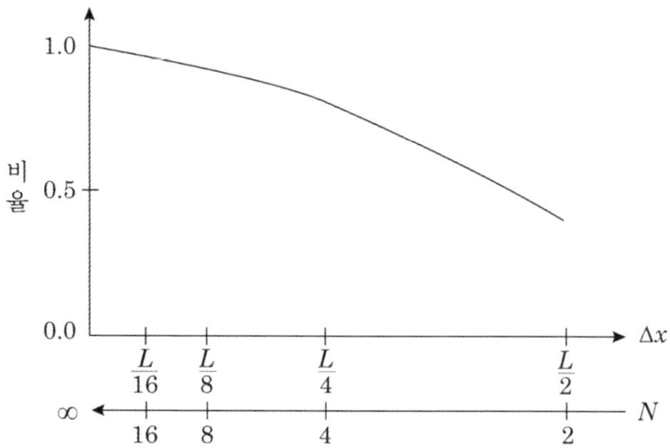

그림 5.2 2차 미분 해석해와 수치해의 비율을 Δx와 N의 함수로 나타낸 오차. 수치해는 N이 4 미만일 경우 정확도가 낮다.

2) 파장

수치해와 해석해 사이의 파장에 대한 오차는 간단한 편미분 방정식에 적용하여 분석한다. 미분방정식

$$\frac{\partial^2 u}{\partial x^2} = -Gu \tag{5.5}$$

은 타원형 편미분 방정식이다. 식 (5.5)의 해석해를 $u(x) = Re(Ue^{ikx})$형의 공간 주기함수로 표현된다고 가정한다. 여기서 k는 파수이고, i는 허수이며, U는 진폭으로 상수다. 이 주기함수를 편미분 방정식에 대입하여 관계식 $-k^2 = -Gu$, 즉 $k = \pm\sqrt{G}$를 얻는다. 이 편미분 방정식의 일반해는

$$u(x) = Re(Ae^{i\sqrt{G}x} + Be^{-i\sqrt{G}x}) \tag{5.6}$$

이다. 여기서 A와 B는 경계조건을 적용하여 구해지는 계수다. 식 (5.6)에서 만일 $G > 0$이면 진동형(파동)의 해를 가지고, $G < 0$이면 지수형(성장 또는 감쇠)의 해를 가진다. 이 편미분 방정식의 수치해를 얻기 위해 중앙 유한차분 근사를 적용하면

$$\frac{u_{m+1} - 2u_m + u_{m-1}}{\triangle x^2} = -Gu_m \tag{5.7}$$

이 된다. 여기서 $u_m = u(m\triangle x)$이고 m은 격자점 인덱스다. 수치해도 공간 주기 함수 $u_m = Re(Ue^{i\hat{k}m\triangle x})$라 가정하고 식 (5.7)에 대입하면

$$\frac{2(\cos(\hat{k}\triangle x) - 1)}{\triangle x^2} = -G \tag{5.8}$$

를 얻는다. 여기서 $\hat{k}$는 유한차분 근사의 파수다. 식 (5.8)을 $\hat{k}$에 대하여 정리하면,

$$\hat{k} = \frac{\cos^{-1}(1 - \frac{G\triangle x^2}{2})}{\triangle x} \tag{5.9}$$

이 된다. 식 (5.9)에서 만일 $G > 0$이고 $G < \frac{4}{\triangle x^2}$의 경우 파동형의 해를, $G < 0$의 경우 지수형의 해를 가진다. 파동형의 수치해는 $G < \frac{4}{\triangle x^2}$의 제약조건을 가지지만 만일 $\triangle x$가 아주 작으면 $\frac{4}{\triangle x^2}$는 아주 크게 되므로 $G < \frac{4}{\triangle x^2}$라는 제약조건은 큰 의미가 없다. 해석해와 수치해의 파장 비율은

$$\frac{\hat{L}}{L} = \frac{k}{\hat{k}} = \frac{\frac{2\pi}{N}}{\cos^{-1}[1 - (\frac{2\pi}{N})^2]/2} \tag{5.10}$$

이다. 여기서 $\hat{L}$은 수치해의 파장이다. $N = \infty$, 10, 5, 4, π일 때, 식 (5.10)의 비율은 각각 1.000, 0.985, 0.935, 0.870, 0.637이다(표 5.1). 수치해는 N이 아주 클 경우($\triangle x$가 아주 작으면) 파장이 정확하지만, N이 작은 경우(격자점 수가 적고 따라서 $\triangle x$가 크면) 파장이 짧아진다. 또 수치해가 존재할 제약조건은 $N \geq \pi = 3.14$이다. 수치해가 실제 현상의 파장보다 짧아졌다면 수치해의 결과로 파동의 진행을 정확히 진단하는 데 오차가 발생할 수 있다.

수치해의 오차는 사용한 격자점 수가 적을수록 증가하며, 이로 인해 수치해의 파장이 해석해와 비교하여 더 짧아진다.

표 5.1 수치해의 오차로 인한 파장의 변화

N	$\frac{\hat{L}}{L}$	$\hat{N}=\frac{\hat{L}}{L}N$
∞	1.000	∞
10	0.985	9.85
5	0.935	4.67
4	0.870	3.48
3.14	0.637	2.00

3) 위상속도

이류(파동)방정식의 위상속도(Phase Velocity)에 대해 해석해와 수치해 사이의 차이를 해석한다. 1차원 이류방정식

$$\frac{\partial u}{\partial t}+c\frac{\partial u}{\partial x}=0 \tag{5.11}$$

을 예로 든다. 여기서 이류속도 c를 상수로 가정한다. 식 (5.11)의 해는 $u(x,t)=Re(e^{i\mu x}e^{i\theta t})$, $i=\sqrt{-1}$과 같은 파동의 주기함수를 가진다고 가정하고 식 (5.11)에 대입하여 관계식 $\theta=-\mu c$를 얻는다. 따라서 해석해의 위상속도는 $c=-\frac{\theta}{\mu}$이다. 여기서 μ는 파수이고 θ는 주파수다. 식 (5.11)의 일반해는 A를 진폭이라고 하면 $u(x,\ t)=Re(Ae^{i\mu(x-ct)})$가 된다. 이 방정식의 해는 위상속도 c를 가지고 x-방향으로 일정하게($c=$상수) 이동한다. 식 (5.11)에 시간과 공간 모두 중앙 차분 근사를 적용하면 유한차분 방정식은

$$\frac{u_m^{n+1}-u_m^{n-1}}{2\triangle t}+c\frac{u_{m+1}^{n}-u_{m-1}^{n}}{2\triangle x}=0 \tag{5.12}$$

이 된다. 식 (5.12)의 수치해 $u(x,t)=Re(e^{i\mu m\triangle x}e^{i\theta n\triangle t})$도 공간 파동의 해를 가진다고 가정한다. 여기서 m과 n은 각각 공간과 시간 인덱스다. 가정한 파동 해를

식 (5.12)에 대입하여 유도하면 관계식

$$\theta = \frac{-\sin^{-1}[\frac{c\triangle t}{\triangle x}\sin(\mu\triangle x)]}{\triangle t} \tag{5.13}$$

를 얻는다. 주파수 θ는 사인함수의 각도가 0도와 90도($\frac{\pi}{2}$) 사이일 때 물리적 파동 해를 가지지만, 그 외의 각도에서는 계산 과정에서 비물리적 모드 또는 가짜 계산 모드(Computational Mode)가 발생하여 물리적 해를 방해한다. 따라서 주파수가 $0 \leq \theta \leq \frac{\pi}{2}$일 경우만 고려할 때 수치해의 위상속도($c_F$)는

$$c_F = \frac{\sin^{-1}[\frac{c\triangle t}{\triangle x}\sin(\mu\triangle x)]}{\mu\triangle t} \tag{5.14}$$

이다. 수치해와 해석해 사이의 위상속도 비율을 구하면

$$\frac{c_F}{c} = \frac{\sin^{-1}[\frac{c\triangle t}{\triangle x}\sin(\mu\triangle x)]}{c\mu\triangle t} \tag{5.15}$$

이 된다. 식 (5.15)에서 $\lambda = \frac{c\triangle t}{\triangle x}$라고 놓을 경우, $\frac{c_F}{c}$가 실수가 되려면 $\lambda \leq 1$이 되어야 한다. c가 0보다 클 경우, 파동이 x-축의 양의 방향으로 진행한다. $\lambda = 1$의 경우, 즉 $c = \frac{\triangle x}{\triangle t}$이면 $\sin^{-1}\left(\sin\frac{2\pi}{N}\right)/\left(\frac{2\pi}{N}\right) = 1$이 되므로 N의 수와 관계없이 $c_F = c$이다. 만일 $0 < \lambda < 1$인 경우, $\lambda = \frac{1}{2}$을 취하면 N=10, 5, 4, 3, 2에 대해 이 비율($\frac{c_F}{c}$)은 각각 0.945, 0.792, 0.674, 0.430, 0.000이다(그림 5.3). 수치해의 위상속도는 한 파동 내 격자점 수가 적으면(N이 작으면) 해석해보다 느리게 진행한다. N이 10보다 작으면 수치해의 위상속도는 정확도가 매우 낮다. 특히 N=2(2$\triangle x$파)의 경우는 파동이 전혀 진행하지 않는다. 격자점 수가 적으면 대기 현상의 진행을 적절히 모의하지 못할 수 있다.

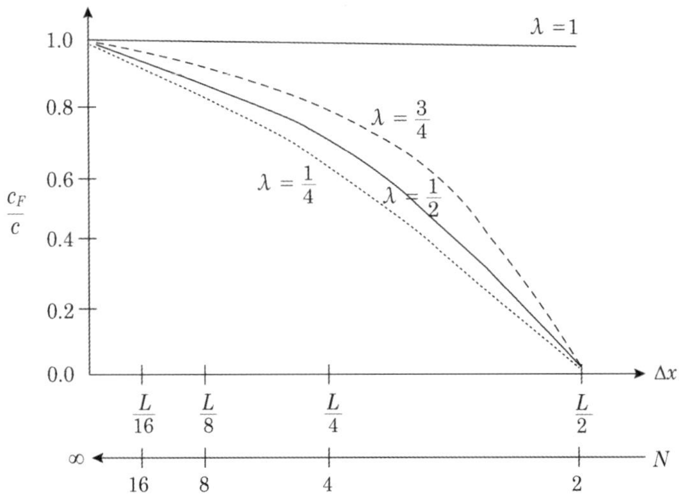

그림 5.3 수치해의 오차로 인한 위상속도의 변화.

수치해의 오차는 사용한 격자점 수가 적으면 수치해의 위상속도가 해석해와 비교하여 느려진다. $\lambda = \frac{c\Delta t}{\Delta x} = \frac{1}{4}, \frac{1}{2}, \frac{3}{4}$일 때 $\frac{c_F}{c}$를 비교한 것이다. λ가 1에 접근할수록 정확해진다.

4) 군속도

이류방정식 식 (5.11)의 군속도(Group Velocity)는 파의 에너지 전파속도다. 군속도(G)는

$$G = \frac{d(\mu c)}{d\mu} = -L^2 \frac{d(\frac{c}{L})}{dL} = c - L\frac{dc}{dL} \tag{5.16}$$

와 같이 정의된다. 해석해의 위상속도 c가 상수이면 c는 L의 함수가 아니므로 $G = c$다. 이 경우는 선형 방정식이므로 군속도는 위상속도와 함께 진행한다. 유한차분 방정식의 군속도는

$$G_F = c_F - L\frac{dc_F}{dL} = c_F - N\frac{dc_F}{dN} \tag{5.17}$$

가 된다. 수치해의 군속도는 $G_F = c_F$가 되지 않고 N에 따라 달라진다. 즉,

$$G_F = c\left[\frac{\cos(\frac{2\pi}{N})}{(1-\frac{c\triangle t}{\triangle x}\sin(\frac{2\pi}{N})^2)^{\frac{1}{2}}}\right] = G\left[\frac{\cos(\frac{2\pi}{N})}{(1-\frac{c\triangle t}{\triangle x}\sin(\frac{2\pi}{N})^2)^{\frac{1}{2}}}\right] \tag{5.18}$$

가 된다. $\frac{c\triangle t}{\triangle x}=1$인 경우 모든 파장과 모든 격자점 수에 대해 $c_F=c$ 그리고 $G_F=G$이다. $\frac{c\triangle t}{\triangle x}<1$인 경우 아주 긴 파장(아주 큰 N)에 대해 G_F는 G에 접근한다. 하지만 $N=4(4\triangle x$파)의 경우 $G_F=0$이 되므로 에너지는 전파하지 못하고 정체한다. $N=2(2\triangle x$파)의 경우 $G_F=-c=-G$이므로 에너지는 오히려 파의 진행과 반대 방향으로 진행한다(그림 5.4). $\frac{c\triangle t}{\triangle x}<1$의 경우 $c=G>c_F>G_F$이다. 즉, $N=10$의 경우 해석해의 위상속도와 군속도는 같지만, 수치해의 위상속도와 군속도는 해석해에 비해 모두 느리고 군속도는 더욱 느리다.

수치해에서 N이 충분히 크지 않으면 에너지의 전파가 느려지고, 파의 위상 진행과 함께 진행하지 못해 파동의 분산이 발생한다. 따라서 격자점 수가 적은 수치해의 경우는 위상속도가 일정한 선형 이류방정식의 전파 특성과 일치하지 않는다.

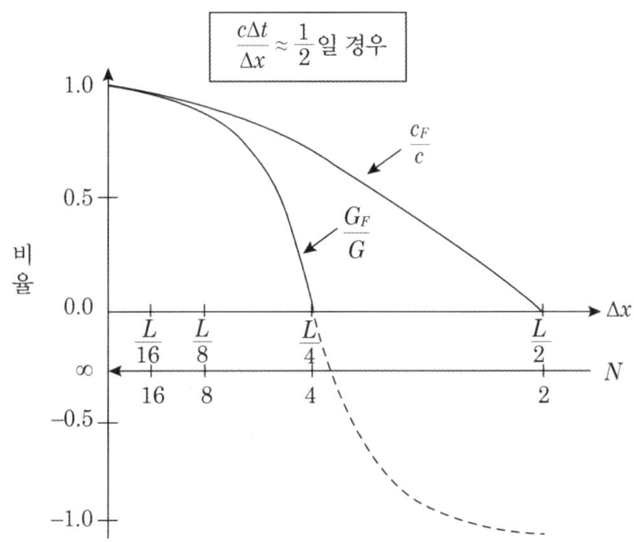

그림 5.4 수치해의 오차로 인한 군속도의 변화.
수치해의 오차는 사용한 격자점 수가 적으면 수치해의 군속도가 해석해와 비교하여 느려지고 $2\triangle x$파의 경우는 오히려 반대 방향으로 진행한다. 비율은 $\frac{c_F}{c}$ 또는 $\frac{G_F}{G}$이다.

제2절 | 폰 노이만 방법의 안정도 분석

1) 분석 방법

유한차분 방정식의 안정도를 분석하는 폰 노이만(von Neumann) 방법은 함수 $u(x,t)$의 공간과 시간을 분리하여 함수의 진폭을 시간만의 함수로 표현하여 시간이 지남에 따라 진폭이 증가 또는 감소하는가를 분석하여 안정도를 결정한다. 안정도를 분석하는 절차는 다음과 같다.

a) 유한차분 방정식을 선형화한다. 이때 주어진 편미분 방정식을 먼저 선형화하거나 유한차분 방정식을 설정한 후에 선형화한다.

b) 종속변수를 주기함수로 가정한다. 함수(u)의 공간을 주기함수로 표현하고, 진폭을 시간만의 함수로 표현하여 시간 함수와 공간 함수를 분리한다. 경계조건은 무시된다.

c) 표현된 주기함수를 유한차분 방정식에 대입하고 정리하여 $U^{n+1} = A\,U^n$의 관계식을 얻는다. U^{n+1}과 U^n은 격자점 수 차원의 종속변수 벡터, A는 유한차분 방정식으로 표현되는 증폭 매트릭스(Amplification Matrix)다. n은 시간 $t = n\Delta t$의 인덱스다.

d) U의 행렬식 $|A - \lambda_k I| = 0$을 사용하여 고유함수의 고유치 λ_k를 모두 구한다. 아래첨자 k는 A의 차수다. 모든 λ_k 중에서 $|\lambda_k|_{max}$의 크기를 찾는다.

e) $|\lambda_k|_{max} \le 1$의 경우 안정 조건이고, $|\lambda_k|_{max} > 1$의 경우 불안정 조건이 된다.

안정도 분석은 유한차분 방정식의 시간 적분 과정에서 수치해가 수렴하는가를 조사하는 것이므로 안정 조건을 만족하는 경우 $\triangle x$와 $\triangle t$ 사이의 관계를 적용하여 유한차분 방정식을 계산한다. 이와 같은 유한차분 방정식의 안정도 조건을 계산 안정을 위한 CFL(Courant-Friedrichs-Lewy) 조건이라 한다.

2) 안정도 분석

a. 이류방정식

함수 $u(x,t)$의 이류방정식 $\frac{\partial u}{\partial t}+c\frac{\partial u}{\partial x}=0$은 이류속도 c를 상수로 놓으면 선형 방정식이 된다. 공간과 시간 모두 중앙 차분을 적용하면 이류방정식의 유한차분 방정식은

$$\frac{u_m^{n+1}-u_m^{n-1}}{2\triangle t}+c\frac{u_{m+1}^n-u_{m-1}^n}{2\triangle x}=0 \tag{5.19}$$

이 된다. 식 (5.19)는 이류방정식의 등넘기 방안(Leap-Frog Scheme)으로 알려진 유한차분 방정식이다. 공간은 주기함수이고 시간이 진폭으로 표현되는 함수 $u(m,n)=Re(B^n e^{i\mu m\triangle x})$를 가정하고 유한차분 방정식 식 (5.19)에 대입하면

$$\frac{B^{n+1}-B^{n-1}}{2\triangle t}=-\frac{c}{2\triangle x}(2i\sin(\mu\triangle x))B^n \tag{5.20}$$

을 얻는다($i=\sqrt{-1}$). 식 (5.20)을 $B^{n+1}=-\frac{c\triangle t}{\triangle x}(2i\sin(\mu\triangle x))B^n+B^{n-1}$과 같이 정리하고 증폭 매트릭스 A를 구하기 위해

$$\begin{bmatrix}B^{n+1}\\B^n\end{bmatrix}=\begin{bmatrix}-\frac{c\triangle t}{\triangle x}(2i\sin(\mu\triangle x)) & 1\\ 1 & 0\end{bmatrix}\begin{bmatrix}B^n\\B^{n-1}\end{bmatrix} \tag{5.21}$$

와 같이 표현한다. 식 (5.21)에서 $\begin{bmatrix}-\frac{c\triangle t}{\triangle x}(2i\sin(\mu\triangle x)) & 1\\ 1 & 0\end{bmatrix}$은 증폭 매트릭스 A이고 그 고유치를 구하면

$$\lambda=-\frac{c\triangle t}{\triangle x}\sin(\mu\triangle x)\pm\left[1-\left(\frac{c\triangle t}{\triangle x}\sin(\mu\triangle x)\right)^2\right]^{\frac{1}{2}} \tag{5.22}$$

을 얻는다. 식 (5.22)에서 $\beta=\frac{c\triangle t}{\triangle x}(\sin(\mu\triangle x))$라 놓으면 $\lambda=-\beta\pm\sqrt{1-\beta^2}$라고 표현된다. 고유치의 크기 $|\lambda|$을 조사한다.

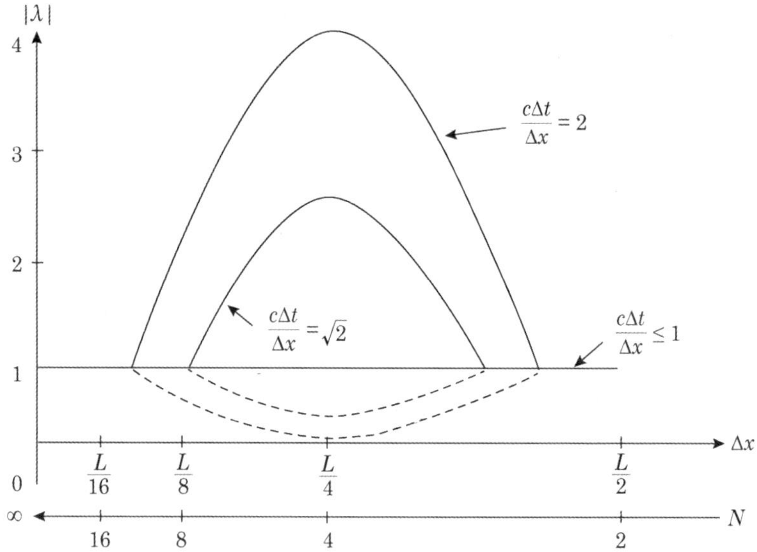

그림 5.5 1차원 이류방정식의 등넘기 방안 안정도 조건.
수치해의 고유치의 크기 $|\lambda|$와 파수, 파장, 격자점 수와의 관계를 보인다. 예를 들어 사용한 격자점 수가 아주 크면($N > 16$), $\frac{c\Delta t}{\Delta x} = 2$ 또는 $\sqrt{2}$의 경우에도 안정도 조건을 만족할 수 있는 파수가 존재한다. 점선은 허상을 의미한다.

$a)$ $\beta > 1$의 경우, $|\lambda_{max}| > 1$이므로 불안정 조건이다.

$b)$ $\beta \le 1$의 경우, $|\lambda_{max}| \le 1$이므로 안정 조건이다.

$a)$와 $b)$를 정리하면, $\sin(\mu\Delta x)$이 실수여야 하므로 $0 < \sin(\mu\Delta x) \le 1$이고, 따라서 $\frac{c\Delta t}{\Delta x} \le 1$이면 모든 파장 또는 파수($\mu$)에 대해 안정도 조건을 만족한다(그림 5.5).

이해를 돕기 위해 이류방정식 $\frac{\partial u}{\partial t} + c\frac{\partial u}{\partial x} = 0$의 해석해가 공간을 파동으로, 시간을 진폭으로 가정하면 $u = Re(B\,e^{i\mu x})$로 놓을 수 있다. 여기서 B는 시간의 함수인 진폭, i는 허수 $\sqrt{-1}$, μ는 파수다. 이렇게 놓으면, 이류방정식 식 (5.19) 양변의 공간 함수가 같으므로 $\frac{\partial B}{\partial t} = -i\mu cB$와 같이 간단히 쓸 수 있다. 시간을 중앙 차분하면

$$\frac{B^{n+1} - B^{n-1}}{2\Delta t} = -i\mu c B^n \tag{5.23}$$

이 된다. 식 (5.23)을 $B^{n+1} = -2i\mu c\Delta t\, B^n + B^{n-1}$ 및 $B^n = B^n$과 같이 쓸 수 있으므로

$$\begin{bmatrix} B^{n+1} \\ B^n \end{bmatrix} = \begin{bmatrix} -2i\mu c\Delta t & 1 \\ 1 & 0 \end{bmatrix} \begin{bmatrix} B^n \\ B^{n-1} \end{bmatrix} \tag{5.24}$$

와 같은 매트릭스 형태로 표현한다. 식 (5.24)에서 증폭 매트릭스의 고유치를 구하면

$$\lambda = -i\mu c\Delta t \pm \sqrt{1 - (\mu c\Delta t)^2} \tag{5.25}$$

이 된다. 식 (5.25)가 안정도 조건을 만족하려면 $\sqrt{1-(\mu c\Delta t)^2}$이 실수여야 하므로 $|\mu c\Delta t| \le 1$이다. 식 (5.25)의 $\mu c\Delta t$를 $\frac{c\Delta t}{\Delta x}\sin(\mu\Delta x)$로 바꾸면 식 (5.22)와 같아진다. 결국 시공간 중앙 차분의 이류방정식과 같다. 만일 $\Delta x \to 0$이면 $\frac{c\Delta t}{\Delta x}\sin(\mu\Delta x)$는 $\mu c\Delta t$와 같다. $\Delta x \to 0$이면 $\frac{c\Delta t}{\Delta x} \le 1$과 $\mu c\Delta t \le 1$은 같은 조건이라는 의미다. 즉, 격자점 수가 많으면(Δx를 아주 작게 하면) 수치해와 해석해는 비슷해질 수 있다.

이류방정식 $\frac{\partial u}{\partial t} + c\frac{\partial u}{\partial x} = 0$의 유한차분 근사로서 시간은 전방 차분 근사를, 공간은 중앙 차분 근사를 적용하면

$$\frac{u_m^{n+1} - u_m^n}{\Delta t} = -c\frac{u_{m+1}^n - u_{m-1}^n}{2\Delta x} \tag{5.26}$$

이 된다. 식 (5.26)은 이류방정식의 전방 차분 방안(Forward Difference Scheme)이라고 하는데 항상 불안정 조건이다. 여기서 시간 및 공간 모두 비중앙 차분을 사용하면 유한차분 방정식은

$$\frac{u_m^{n+1} - u_m^n}{\Delta t} = -c\frac{u_{m+1}^n - u_m^n}{\Delta x} \tag{5.27}$$

이 된다. 위상속도 $c<0$의 경우 또는 $c>0$의 경우 $\frac{c\Delta t}{\Delta x} \leq 1$일 때 모두 안정도 조건을 만족하며, 각각 이류방정식의 상향류 방안(Upstream Scheme)과 하향류 방안(Downstream Scheme)이라 한다. 이 유한차분 방정식은 경계에서 복사조건으로 적용하기에 편리하다.

식 (5.26)이 안정도 조건을 만족하도록 수정한 방법이 Lax 방안이다. 이 방법은 u_m^n에서 격자점 m의 값이 없는 경우 또는 m의 값을 사용하지 않은 경우를 대신하여 격자점 u_{m+1}^n과 점 u_{m-1}^n의 산술 평균값을 사용한다. 식 (5.26)에 Lax 방안을 적용하여 다시 쓰면 유한차분 방정식은

$$\frac{u_m^{n+1} - \left(\frac{u_{m+1}^n + u_{m-1}^n}{2}\right)}{\Delta t} = -c\frac{u_{m+1}^n - u_{m-1}^n}{2\Delta x} \tag{5.28}$$

이 된다. 식 (5.28)은 $\frac{c\Delta t}{\Delta x} \leq 1$인 경우에 안정도 조건을 만족한다.

b. 확산방정식

함수 $u(x,t)$의 확산방정식 $\frac{\partial u}{\partial t} = K\frac{\partial^2 u}{\partial x^2}$에서 확산계수 K를 상수라고 가정하면 선형 방정식이 된다. 시간은 전방 차분 근사를, 공간은 중앙 차분 근사를 적용하면 유한차분 방정식은

$$\frac{u_m^{n+1} - u_m^n}{\Delta t} = K\frac{u_{m+1}^n - 2u_m^n + u_{m-1}^n}{\Delta x^2} \tag{5.29}$$

이 된다. 식 (5.29)를 확산방정식의 전방 차분 방안이라고 한다. 이류방정식에서와 같이 공간은 주기함수이고 시간은 주기함수의 진폭이 되는 함수 $u(m,n) = Re(B^n e^{i\mu m\Delta x})$를 가정하고 식 (5.29)의 유한차분 방정식에 대입하면

$$\frac{B^{n+1} - B^n}{\Delta t} = \frac{K}{\Delta x^2}(2\cos(\mu\Delta x) - 2)B^n \tag{5.30}$$

이 된다. 식 (5.30)을 정리하면

$$B^{n+1} = (1+\frac{2K\triangle t}{\triangle x^2}(\cos(\mu\triangle x)-1))B^n \tag{5.31}$$

이 된다. 식 (5.31)의 증폭 매트릭스 A는 $(1+\frac{2K\triangle t}{\triangle x^2}(\cos(\mu\triangle x)-1))$이고 A의 고유치를 구하면

$$\lambda = 1+\frac{2K\triangle t}{\triangle x^2}(\cos(\mu\triangle x)-1) \tag{5.32}$$

이 된다. $\beta=\frac{K\triangle t}{(\triangle x)^2}$라 놓으면 고유치의 크기는 $|\lambda|=|1+2\beta(\cos(\mu\triangle x)-1)|$이다. 고유치의 크기를 조사하면

a) $\beta=\frac{1}{2}$이면 $|\lambda|\leq 1$이 되어 안정하다.
b) $0<\beta<\frac{1}{2}$이면 $|\lambda|\leq 1$이 되어 안정하다.
c) $\beta>\frac{1}{2}$이면 $|\lambda|>1$이 되어 불안정하다.
d) $\beta<0$이면 $|\lambda|>1$이 되어 불안정하다.
e) $\beta=0$이면 $|\lambda|=1$이 되어 안정하다.

a)~e)를 정리하면, $0\leq\frac{K\triangle t}{(\triangle x)^2}\leq\frac{1}{2}$일 때 안정도 조건을 만족한다(그림 5.6).

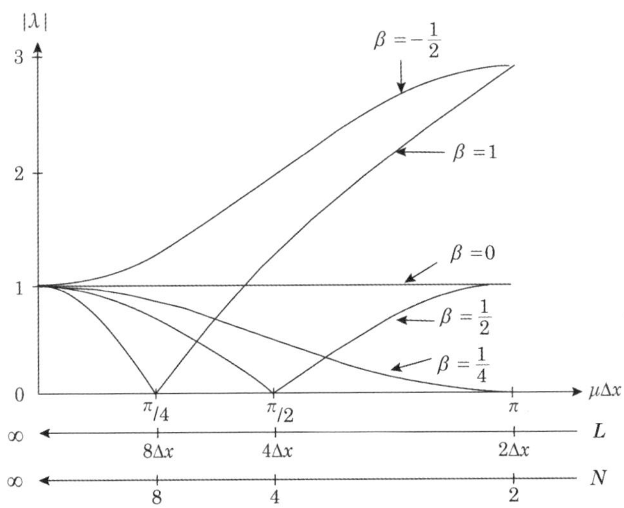

그림 5.6 1차원 확산방정식의 전방 차분 방안 안정도 조건.
수치해의 고유치의 크기 $|\lambda|$와 파수, 파장, 격자점 수와의 관계를 보인다. $\beta=\frac{1}{2}$과 $\beta=1$의 경우 격자점 수가 아주 크면($N>8$) 안정도 조건을 만족하면서 확산 효과가 크고, $\beta=\frac{1}{4}$의 경우 $2\triangle x$에서 확산이 완전히 적용된다.

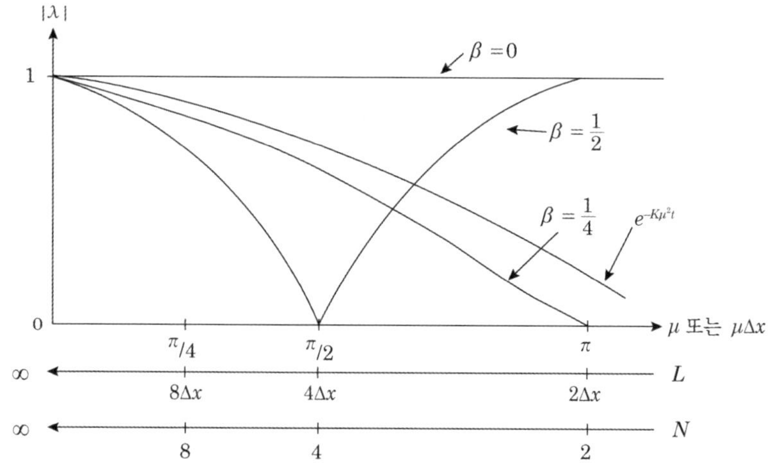

그림 5.7 1차원 확산방정식의 물리적 특성.
수치해의 고유치의 크기 $|\lambda|$와 파수 및 파장의 관계를 보인다. $\beta \leq \frac{1}{4}$이면 해석해의 감쇠 인자 $e^{-K\mu^2 t}$와 유사하다.

확산방정식의 해석해를 $u(x,t) = Re(\bar{u}e^{i\theta t}e^{i\mu x})$와 같이 파동으로 가정하고 확산방정식에 대입하면 $i\theta = -K\mu^2$의 관계식을 가진다. 여기서 $\bar{u}$는 진폭, θ는 진동수, μ는 파수다. 따라서 해석해 $u = Re(\bar{u}e^{-K\mu^2 t}e^{i\mu x})$의 진폭$(\bar{u}e^{-K\mu^2 t})$은 시간의 함수이고 $K\mu^2$는 양이므로 시간이 증가함에 따라 지수적으로 감쇠한다. 이것은 확산방정식의 물리적 특성과 같다(그림 5.7). 만일 수치해의 안정도 조건인 $\frac{K\Delta t}{(\Delta x)^2} \leq \frac{1}{4}$일 때 격자점 수가 많으면($\Delta x$가 아주 작으면) 해석해와 유사하다. 그러나 격자점 수가 적으면(Δx가 크면) 해석해와 비교하여 감쇠가 더 많이 된다는 것을 알 수 있다(그림 5.7).

확산방정식 $\frac{\partial u}{\partial t} = K\frac{\partial^2 u}{\partial x^2}$의 다른 방법으로서 Crank-Nicolson 방안은

$$\frac{u_m^{n+1} - u_m^n}{\Delta t} = \frac{K}{2}\left(\frac{u_{m+1}^{n+1} - 2u_m^{n+1} + u_{m-1}^{n+1}}{\Delta x^2} + \frac{u_{m+1}^n - 2u_m^n + u_{m-1}^n}{\Delta x^2}\right) \quad (5.33)$$

이다. 식 (5.33)은 항상 안정도 조건을 만족한다. 이 방안은 암시 방안(Implicit Scheme)으로서 주어진 Δx에 대해 Δt의 크기와 관계없이 항상 안정도 조건을 만족한다. 따라서 Δx의 크기가 작더라도 Δt를 크게 하여 계산할 수 있어 계산 시간을 줄여 준다는 장점이 있다. 확산방정식이 시간과 공간 모두 중앙 차분 근사를

적용하는 등넘기 방안은

$$\frac{u_m^{n+1} - u_m^{n-1}}{2\triangle t} = K\frac{u_{m+1}^n - 2u_m^n + u_{m-1}^n}{\triangle x^2} \tag{5.34}$$

이다. 이 방안은 항상 불안정하다.

여기서 주목할 점은 유한차분 방정식의 등넘기 방안을 이류방정식에 적용하면 안정도 조건을 만족하지만, 확산방정식에 적용하면 항상 불안정하다는 것이다.

c. 진동방정식

함수 $u(x,t), v(x,t)$를 사용하여 코리올리 효과(Coriolis Effect)의 진동방정식

$$\begin{aligned}\frac{\partial u}{\partial t} &= -fv \\ \frac{\partial v}{\partial t} &= fu\end{aligned} \tag{5.35}$$

의 안정도를 분석한다. 이 진동방정식은 코리올리 인자 f를 일정하다고 놓으면 선형 방정식이 된다. 시간에 대해 전방 차분 근사를 적용하면

$$\begin{aligned}\frac{u_m^{n+1} - u_m^n}{\triangle t} &= -fv_m^n \\ \frac{v_m^{n+1} - v_m^n}{\triangle t} &= fu_m^n\end{aligned} \tag{5.36}$$

이 된다. 함수의 공간은 주기함수, 시간은 진폭이 각각 B와 D라 놓고 함수를 $u(m,n) = Re(B^n e^{i\mu m\triangle x})$와 $v(m,n) = Re(D^n e^{i\mu m\triangle x})$로 가정하고 식 (5.36)의 유한차분 방정식에 대입하면

$$\begin{aligned}B^{n+1} - B^n &= -f\triangle t\, D^n \\ D^{n+1} - D^n &= f\triangle t\, B^n\end{aligned} \tag{5.37}$$

이 된다. 여기서 $i=\sqrt{-1}$ 다. 식 (5.37)에서 증폭 매트릭스 A를 구하기 위해

$$\begin{bmatrix} B^{n+1} \\ D^{n+1} \end{bmatrix} = \begin{bmatrix} 1 & -f\Delta t \\ f\Delta t & 1 \end{bmatrix} \begin{bmatrix} B^{n} \\ D^{n} \end{bmatrix}$$

와 같이 놓고 A의 고유치를 구한다. 이렇게 구한 고유치 $\lambda = 1 \pm (f\Delta t)i$의 크기는

$$|\lambda| = (1+(f\Delta t)^2)^{1/2} \geq 1 \tag{5.38}$$

이다. 식 (5.38)은 아무리 작은 Δt를 사용하여도 $|\lambda| \geq 1$이므로 모든 파장에 대해 불안정하다. 진동방정식에서 시간을 전방 차분 방식으로 근사하면 불안정한 조건이 된다.

식 (5.38)을 Taylor 급수로 전개하면

$$|\lambda| = (1+(f\Delta t)^2)^{1/2} = 1+\frac{1}{2}(f\Delta t)^2 + \cdots \leq e^{\frac{1}{2}(f\Delta t)^2} \tag{5.39}$$

이 되고, 어느 고정된 시간 $T=n\Delta t$에 대해 $n \to \infty$이면 식 (5.39)에서

$$e^{\frac{1}{2}(f\Delta t)^2} = e^{\frac{1}{2}\left(f^2\frac{T^2}{n^2}\right)} \to 1 \tag{5.40}$$

이 된다. 따라서 식 (5.38)은 수학적으로는 안정하다고 할 수 있지만, 시간의 전방 차분 근사로부터 구한 수치해는 실제로 불안정하다.

진동방정식의 유한차분 방정식을 식 (5.36)과 다르게 표현할 수 있다. 즉, 식 (5.36)의 첫 번째 유한차분 방정식에서 이미 계산된 u_m^{n+1}값을 두 번째 유한차분 방정식에서 사용하는 방법이다. 이 방안을 적용하면 계산에 소요되는 시간도 약간 줄일 수 있다. 식 (5.36)을 다시 쓰면,

$$\frac{u_m^{n+1}-u_m^n}{\Delta t} = -f\,v_m^n$$

$$\frac{v_m^{n+1}-v_m^n}{\Delta t} = f\,u_m^{n+1} \tag{5.41}$$

이 된다. 앞에서와 같이 함수를 공간은 주기함수이고 시간은 진폭이 각각 B와 D인 주기함수로 가정하고 식 (5.41)에 대입하여 증폭 매트릭스를 구하면

$$\begin{bmatrix} B^{n+1} \\ D^{n+1} \end{bmatrix} = \begin{bmatrix} 1 & -f\Delta t \\ f\Delta t & 1-f^2(\Delta t)^2 \end{bmatrix} \begin{bmatrix} B^n \\ D^n \end{bmatrix}$$

이 된다. A의 고유치는

$$\lambda = 1 - \frac{(f\Delta t)^2}{2} \pm \left[\frac{(f\Delta t)^4}{4} - (f\Delta t)^2 \right]^{\frac{1}{2}} \qquad (5.42)$$

이 된다. 식 (5.42)의 고유치의 크기 $|\lambda|$는 $|f\Delta t| > 2$인 경우 불안정한 조건이고, $|f\Delta t| \leq 2$인 경우 안정도 조건을 만족한다. 유한차분 방정식의 두 번째 식은 첫 번째 식에서 계산된 u_m^{n+1}을 u_m^n 대신에 사용하면 안정도 조건을 만족한다(그림 5.8). 북반구에서 $f\Delta t < 2$의 범위 내에 Δt의 크기를 결정하고 수치해를 구할 수 있다. 이는 유한차분 방정식을 표현하는 방법에 따라 수치해가 존재할 조건이 달라질 수 있다는 것을 보여 준다.

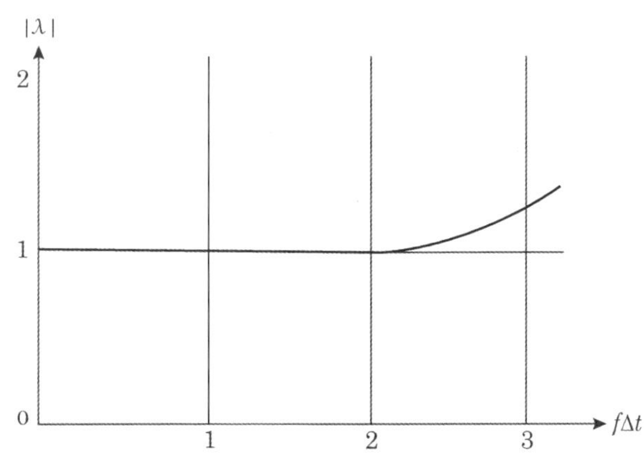

그림 5.8 진동방정식의 안정도 조건.
$|f\Delta t| = 2$는 안정도 조건(주기성)이고, 2보다 크면 불안정도 조건(성장성)이 된다.

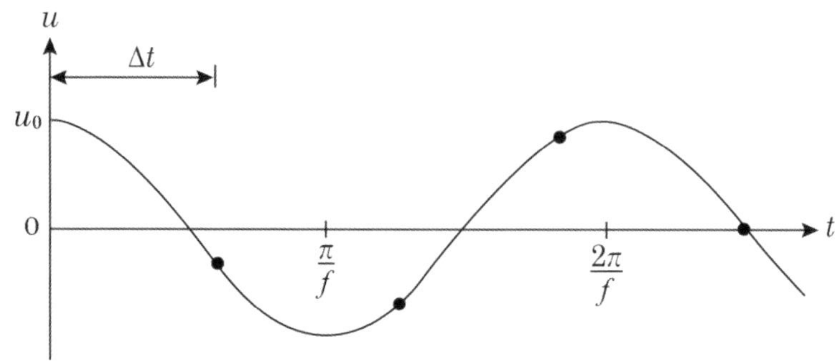

그림 5.9 진동방정식의 시간 스텝.
수치해가 $\Delta t \le \frac{2}{f} = \frac{1}{\pi}$(주기)인 경우 안정하고, $\Delta t > \frac{2}{f} = \frac{1}{\pi}$ (주기)인 경우 수치해는 지수형으로 성장한다.

실제 진동방정식의 해는 $u = Re(\bar{u}e^{ift})$, $v = Re(\bar{v}e^{ift})$이고 주기는 $\frac{2\pi}{f}$이다. 여기서 $\bar{u}$와 $\bar{v}$는 진폭이다. $f\Delta t \le 2$에 대해 $\Delta t \le \frac{2}{f} = \frac{1}{\pi}$(주기)이어야 한다. 만일 $\Delta t > \frac{2}{f} = \frac{1}{\pi}$(주기)이면 수치해는 지수형으로 성장하여 불안정하다(그림 5.9). 다른 외력이 없이 코리올리 힘에 의해 진동하는 진동방정식에 대해 유한차분 방정식 식 (5.41)을 적용하여 수치해를 구할 경우 계산 안정도를 만족하는 Δt의 크기를 추정할 수 있다.

제3절 | 에일리어싱 오차와 비선형 불안정

유한차분 근사법에서는 유한한 값 Δt와 Δx를 사용하므로, 유한차분 방정식의 비선형 항을 계산하는 과정에서 $2\Delta x$파보다 짧은 파장의 파가 생성되며, 이것이 $2\Delta x$파보다 긴 파장의 파로 잘못 해석되어 이른바 에일리어싱(Aliasing) 현상이 초래된다. 이 결과로 발생하는 에일리어싱 오차(Aliasing Error)는 특히 수치모델에서 유한차분 방정식을 계속 적분하는 과정에서 오차가 누적되어 계산을 불안정하게 만드는데, 이를 비선형 불안정(Nonlinear Instability)이라고 한다.

대기 방정식에는 종속변수들 사이의 곱셈으로 표현되는 비선형 항이 존재한다. 유한차분 방정식의 비선형 항을 계산하는 과정에서 가장 짧은 파장인 $2\triangle x$ 파장보다 더 짧은 파장(즉, 더 큰 파수)도 생성되는데, 계산 과정에서는 이러한 짧은 파장이 물리적으로 무의미하다는 것을 인식하지 못한다. 그 결과 $2\triangle x$보다 짧은 파장이 $2\triangle x$보다 긴 파장(즉, 더 작은 파수)으로 잘못 인식될 수 있다. 이로 인해 발생하는 오차는 절단 오차와 전혀 다르다.

예를 들면 이류방정식의 이류항 $u\dfrac{\partial u}{\partial x}$은 비선형이고 이 이류항에 중앙 차분 근사를 적용하면

$$\frac{1}{2\triangle x}u_m(u_{m+1}-u_{m-1})=\frac{1}{2\triangle x}(u_m u_{m+1}-u_m u_{m-1}) \tag{5.43}$$

이 된다. $u_m u_{m+1}$ 또는 $u_m u_{m-1}$의 계산에서 발생하는 $2\triangle x$보다 짧은 파장이 $2\triangle x$보다 긴 파장으로 해석되고 이것이 계속 축적될 수 있다. 이 결과로 실제로 존재하지 않는 파의 가짜 에너지가 계속 축적되면서 계산이 불안정해진다. 이러한 오차는 유한차분 방법에서 주로 발생하는데, 이를 처리하는 간단한 방법의 하나는 수치모델을 적분하는 과정에서 $2\triangle x$보다 짧은 파장이 생성되는 즉시 제거하는 것이다.

에일리어싱 현상을 정량적으로 설명하기 위해 이류항 $u\dfrac{\partial u}{\partial x}$의 함수 $u(x)=\sin(kx)$라 놓는다. 여기서 k는 파수이며, $k<k_{\max}=\dfrac{\pi}{\triangle x}$이다. $k_{\max}$의 파장은 $L=2\triangle x$파다. 그러면

$$u\frac{\partial u}{\partial x}=k\sin(kx)\cdot\cos(kx)=\frac{1}{2}k\sin(2kx) \tag{5.44}$$

이 된다. 새로 생성된 파수 $2k$의 파장 $\dfrac{\pi}{\triangle x}$는 실제로 존재하지 않는다. 그러나 계산 과정에서 파수 k보다는 작은 파수로 인식된다. 그림 5.10에서 보는 바와 같이 $2\triangle x$파보다 작은 $\dfrac{4}{3}\triangle x$파는 $4\triangle x$라고 인식된다. 즉, 계산 과정에서 파장 $L_1=\dfrac{4}{3}\triangle x$파는 $L_2=4\triangle x$파로 인식되지만 실제 존재하지 않는 가짜 파다. 이 현상을 일반화하기 위해 조화함수 $u(x)$를 비선형으로 $u(x)=u_1(x)\cdot u_2(x)\cdot\cdots\cdot u_n(x)$와 같이 표현하면 함수 $u(x)$는 파장이 다른 조화함수들의 곱이 된다. 즉,

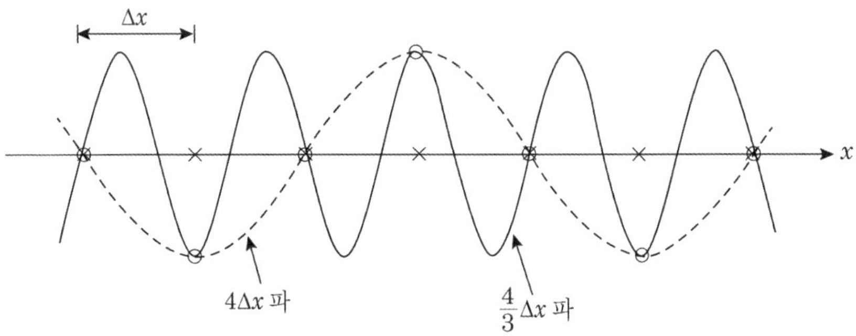

그림 5.10 $2\triangle x$파보다 짧은 파의 에일리어싱 결과.

$\frac{4}{3}\triangle x$파는 $4\triangle x$파로 인식된다. 점 ×는 격자점, 점 ○와 점선은 $4\triangle x$파다. 실선은 실제 존재하지 않는 $\frac{4}{3}\triangle x$파이므로 가짜 파다.

$$u(x) = \sin kx = \sin(k_1 x)\cdot\sin(k_2 x)\cdot \cdots \cdot\sin(k_r x)\cdot \cdots \cdot\sin(k_n x) \quad (5.45)$$

라고 표현할 수 있다. 여기서 $k_1 \cdots k_r \cdots k_n$들은 파수, 그리고 k_r은 파수의 합 또는 차로 나타나서 $k_r < k_{\max}$여야 하는데 $k_r \geq k_{\max}$(여기서 $1 \leq r \leq n$)인 파장이 생성된다. k_r은 유한차분 방정식의 계산에서 $k_{\max}$보다는 작은 파수로 잘못 인식될 수 있다. 두 파수 k_1과 k_2의 경우를 예로 들면,

$$\sin(kx) = \sin(k_1 x)\cdot\sin(k_2 x) = \frac{1}{2}[\cos((k_1 - k_2)x) - \cos((k_1 + k_2)x)] \quad (5.46)$$

이 된다. 식 (5.46)의 $(k_1 + k_2)$는 k보다는 클 수 있고, 따라서 실제로 $2\triangle x$보다 짧은 파장이지만 수치 계산에서는 그림 5.10에서 보는 것처럼 $2\triangle x$보다 긴 파장으로 잘못 나타나게 된다. 식 (5.46)을 계속 계산하면 비선형 항은 $2\triangle x$보다 짧은 파장을 계속 생성할 수 있으나 $2\triangle x$보다 길면서도 실제로 존재하지 않는 파들이 축적되면서 유한차분 방정식의 에너지가 증폭되어 비선형 불안정을 유발한다.

에일리어싱 현상과 비선형 불안정을 완화하는 방법은 수치모델을 적분하면서 생성되는 $2\triangle x$파를 계속 제거하는 것이다. 더 정교한 방법들로는, 유한차분 방정식에 확산 항 $K\nabla^2 u$ 등을 추가하여 짧은 파장($\frac{1}{2}\triangle x, 2\triangle x, 3\triangle x$ 등)이 생성되면 억제하는 방법, Lax-Wendroff 방안 등을 적용하여 계산 과정에서 짧은 파장들의 진폭

을 줄이는 방법이 있고, Arakawa 보존 성질(부록 IV 참조)이 있는 유한차분 방정식을 적용하면 영역 내의 물질 또는 에너지가 증폭되지 않고 보존되어 비선형 불안정을 미리 방지할 수 있다.

제4절 | 수치해의 보존성

유한차분 방정식은 대응하는 미분방정식의 경우처럼 강제적 적분 특성을 만족해야 한다. 여기서 강제적 적분 특성이란 종속변수의 물리량(물질, 에너지 등)이 해를 구하는 계산 과정에서 보존된다는 의미다. 유한차분 방정식이 보존성을 갖추면 비선형 불안정을 방지할 수 있다.

함수 $h(x,t)$, $u(x,t)$의 1차원 1층 모델의 연속방정식

$$\frac{\partial h}{\partial t}+\frac{\partial (hu)}{\partial x}=0 \tag{5.47}$$

을 예로 든다. 여기서 h는 고도, u는 속도다. 식 (5.47)을 x-축 영역의 점 A에서 점 B까지 적분하면

$$\frac{\partial}{\partial t}\left(\int_A^B hdx\right)=-\int_A^B \frac{\partial}{\partial x}(hu)dx=hu|_A-hu|_B \tag{5.48}$$

이 된다. 여기서 $\int_A^B hdx$는 점 A에서 점 B까지 영역 내 총물리량(h)이고, $\int_A^B \frac{\partial}{\partial x}(hu)dx$는 점 A에서 점 B까지 영역 내 물리량의 공간적 변화를 의미한다. 경계의 점 A와 B에서 $u=0$이면(경계를 통해 물리량의 이동이 없다면), 식 (5.48)의 오른편은 0이 된다. 따라서 점 A와 점 B 사이의 총물리량이 시간에 따라 변화하지 않고 보존된다.

식 (5.47)에서 x-축의 점 m에서 공간의 중앙 차분 근사만을 표현하면

$$\frac{\partial h_m}{\partial t} = -\frac{(hu)_{m+1} - (hu)_{m-1}}{2\triangle x} \tag{5.49}$$

이 된다. x-축 점 A에서 점 B까지 N개의 점을 정하고 수치 적분하면,

$$\frac{\partial}{\partial t}(\sum_1^N h_m) = -\sum_1^N (\frac{(hu)_{m+1} - (hu)_{m-1}}{2\triangle x}) \tag{5.50}$$

이 된다. 식 (5.50)의 오른편 항은 점 A와 점 B의 구간 내 N개 점들의 물리량을 합한 것이다. 식 (5.48)에서 적용한 것과 같이 경계에서 속도가 0이면, 적분하는 과정에서 항들 간의 값들이 서로 상쇄되어 0이 되는데 h가 양의 물리량이기 때문이다. 즉, 경계에서 $(hu)_m = 0$이면, 오른편 항은 0이 되므로 물리량의 시간변화는 없다. 만일 경계에서 물리량이 0이 되지 않을 경우라도 점 A와 점 B 사이에 N의 개수를 무한히 증가시키고 경계 근처를 제외한 모든 점에서 물리량이 서로 상쇄된다고 하면 경계치에 의한 영향을 무시할 수 있다. 따라서 오른편 항을 0이라고 하는데 무리는 없다.

만일 식 (5.47)의 둘째 항을 $\frac{\partial(hu)}{\partial x} = h\frac{\partial u}{\partial x} + u\frac{\partial h}{\partial x}$라고 표현하고 유한차분 방정식을 적용하면

$$\frac{\partial h_m}{\partial t} = -\frac{h_m(u_{m+1} - u_{m-1})}{2\triangle x} - \frac{u_m(h_{m+1} - h_{m-1})}{2\triangle x} \tag{5.51}$$

이 된다. 식 (5.51)을 점 A에서 B까지의 영역에서 적분하면

$$\frac{\partial}{\partial t}(\sum_1^N h_m) = -\frac{1}{2\triangle x}\sum_1^N((h_m u_{m+1} + u_m h_{m+1}) - (h_{m-1}u_m + u_{m-1}h_m)) \tag{5.52}$$

이 된다. 경계에서 속도가 0이면 오른편 항은 역시 0이 될 수 있다. 고도(h)는 양의 값을 가지기 때문에 항들 사이의 값들이 상쇄되기 때문이다.

강제적 적분 특성을 만족하기 위해, 즉 에너지 등의 종속변수가 양의 물리량의 적분을 만족하도록 유한차분 근사를 표현하여 보존성을 유지할 수 있다. 이는 종속변수가 양의 물리량이 적분을 만족하도록, 종속변수의 제곱을 시간에 따라 적분하

여 그 값이 일정한가를 찾는 문제이기도 하다. 따라서 종속변수가 제곱이 되도록 하고 유한차분 근사를 적용한다. 식 (5.47)의 첫째 항에 종속변수 h의 제곱을 사용하여 각각 적분하고 격자점 값을 합하면

$$\frac{\partial}{\partial t}\int_A^B h^2\,dx \;=\; 0$$

$$\frac{\partial}{\partial t}\sum_m h_m^2 \;=\; 0 \tag{5.53}$$

이 된다. 식 (5.53)은 $\int_A^B h^2 dx$ 또는 $\sum_m h_m^2$의 값이 시간에 따라 증가하지 않고 상수의 값을 가진다면 유한차분 방정식은 보존성이 있다는 것이다.

운동방정식의 비선형 이류항이 에너지가 보존되도록 유한차분 방정식을 다르게 표현할 필요가 있다. 간단한 1차원 이류방정식

$$\frac{\partial u}{\partial t} \;=\; -\,u\frac{\partial u}{\partial x} \tag{5.54}$$

의 보존성을 살펴보기 위해 식 (5.54)의 오른편 항을

$$-\,u\frac{\partial u}{\partial x} \;=\; -\,\frac{\partial}{\partial x}(\frac{u^2}{2}) \tag{5.55}$$

와 같이 표현한다. 식 (5.54)의 왼편 항을 $\frac{\partial}{\partial t}(\int_A^B u^2 dx) = 0$ 또는 $\frac{\partial}{\partial t}(\sum_m u_m^2) = 0$ 이 되도록 표현하면 종속변수는 양의 물리량이 된다. 따라서 식 (5.54)의 양변에 u를 곱하여 정리하면

$$\frac{\partial}{\partial t}(\frac{1}{2}\int_A^B u^2)dx = -\,\frac{1}{3}\int_A^B(\frac{\partial u^3}{\partial x})dx \;=\; \frac{u^3}{3}|_A - \frac{u^3}{3}|_B \tag{5.56}$$

가 된다. 식 (5.56)에서 보듯이 x-축의 점 A와 B에서 u값이 0이 되면 오른편 항은 0이 되어 식 (5.56)은 보존식이 된다.

식 (5.55)의 방식을 적용하여 식 (5.54)를 중앙 유한차분으로 근사하면

$$\frac{\partial u_m}{\partial t} = -\frac{1}{2}\left(\frac{u_{m+1}^2 - u_{m-1}^2}{2\triangle x}\right) \tag{5.57}$$

이 되고, 양변에 u_m을 곱하고 x-축의 점 A에서 점 B까지 적분하면

$$\begin{aligned}\frac{\partial}{\partial t}\left(\frac{1}{2}\sum_m u_m^2\right) &= -\frac{1}{4\triangle x}\sum_m u_m\left(u_{m+1}^2 - u_{m-1}^2\right) \\ &= -\frac{1}{4\triangle x}\sum_m\left(u_{m+1}^2 u_m - u_m u_{m-1}^2\right)\end{aligned} \tag{5.58}$$

이 된다. 식 (5.58)의 x-축의 점 A와 점 B에서 $u=0$이더라도 오른편 항은 0이 되지 않는다. 격자점을 $m=0, 1, 2\cdots$로 증가하여 계산해 보면 항들이 서로 상쇄되지 않는다는 것을 알 수 있다. 식 (5.57)의 유한차분 방정식이 미분 표현과 일치하나 이류방정식의 비선형으로 인해 양의 물리량(여기서는 에너지)의 보존을 보장하지 못하여 에일리어싱 효과가 나타날 수 있다는 것이다.

그러나 식 (5.54)의 오른편 항을

$$\frac{\partial u}{\partial t} = -\left(\frac{1}{3}\right)\left(u\frac{\partial u}{\partial x}\right) - \left(\frac{2}{3}\right)\frac{\partial}{\partial x}\left(\frac{u^2}{2}\right) \tag{5.59}$$

와 같이 2개의 항으로 나누어 표현하고 이를 식 (5.54)와 같이 양변에 u_m을 곱하면

$$\begin{aligned}\frac{\partial}{\partial t}\left(\frac{1}{2}\sum_m u_m^2\right) &= -\frac{1}{6}\triangle x\sum_m\left(u_m^2 u_{m+1} - u_m^2 u_{m-1} + u_m u_{m+1}^2 - u_m u_{m-1}^2\right) \\ &= -\frac{1}{6}\triangle x\sum_m\left(\left(u_m^2 u_{m+1} + u_{m+1}^2 u_m\right) - \left(u_{m-1}^2 u_m + u_{m-1} u_m^2\right)\right)\end{aligned} \tag{5.60}$$

와 같이 표현된다. 식 (5.60)은 경계에서 값 $u=0$이면 오른편 항은 한정된 값을 가진다. x-축의 격자점을 $m=0, 1, 2\cdots$로 증가하면서 계산해 보면 서로 상쇄되고 경계 근처에서만 상쇄되지 않는다는 것을 알 수 있다. 식 (5.59)와 같은 방식으로 비선형 항의 종속변수를 조정하는 표현 방식을 Arakawa 보존 방법이라고 한다. 이

방법은 이류방정식의 종속변수 물리량이 보존되도록 유한차분 방정식을 표현하면 에일리어싱 효과를 피할 수 있다는 것이다. 부록 IV에서 와도 방정식을 사용하여 Arakawa 보존성을 보충 설명하였다.

제5절 | 시간 유한차분 근사

시간 유한차분은 공간 유한차분과 비교할 때 수치해의 정확도에 미치는 영향이 상대적으로 적다. 따라서 보통 2승 차수보다 높은 유한차분 근사 방법이 필요하지 않으며 1승 차수 유한차분 근사를 적용해도 전체 오차에 끼치는 영향이 크지 않다. 그러나 시간 유한차분 근사는 공간 유한차분 근사와 결합하여 유한차분 방정식의 안정도에 영향을 끼친다. 시간 유한차분 방안에는 다양한 종류가 있는데, 이를 기본(Basic)형, 투스텝(Two-Step)형, 암시(Implicit)형으로 구분하여 설명한다. 이 절에서는 시간 유한차분 근사만 표현하고 공간 유한차분 근사를 표현하지 않는다.

1) 기본형

전방 차분 방안(Forward Difference Scheme) 또는 Euler 방안(Euler Scheme)은 현재 시간(n)에서 공간의 중앙 차분 또는 비중앙 차분 방안을 사용하여 다음 시간($n+1$)에서의 값을 구하는 방법이다. 종속변수 $F(x,t)$의 1차원 이류방정식에 전방 차분 방안을 적용하면

$$\frac{\partial F}{\partial t} = \frac{F_m^{n+1} - F_m^n}{\Delta t}, \quad \frac{\partial F}{\partial x} = \frac{\partial}{\partial x}\left(F^n\right) \tag{5.61}$$

이 된다(그림 5.11의 i)). 공간을 중앙 차분으로 표현할 경우에 시간의 전방 차분 방안은 1승 차수의 정확도를 가진다. 시간의 전방 차분 방안을 확산방정식에 적용하는 경우 안정도 조건을 만족하지만 파동방정식에 적용하는 경우 공간 차분의 형태에 따

라 안정성이 달라지는데, 공간 차분에서 상향류 차분 방안(Upstream Difference Scheme)을 사용하면 안정도 조건을 만족하고, 하향류 차분 방안(Downstream Difference Scheme)을 사용하면 불안정해진다.

시간의 중앙 차분 방안 또는 등넘기 방안(Leap-Frog Scheme)은 현재 시간의 공간 중앙 차분과 이전 시간($n-1$)의 공간 차분 값을 사용하여 다음 시간의 값을 구하는 방법이다. 등넘기 방안의 시간 차분 근사는

$$\frac{\partial F}{\partial t} = \frac{F_m^{n+1} - F_m^{n-1}}{2\Delta t}, \qquad \frac{\partial F}{\partial x} = \frac{\partial}{\partial x}\left(F^n, F^{n-1}\right) \tag{5.62}$$

이다(그림 5.11의 ii)). 등넘기 방안의 시간 차분 근사는 2승 차수의 정확도를 가지며 파동방정식에 적용하는 경우 안정도 조건을 만족하지만 확산방정식에 적용하는 경우 불안정하다. 이전 시간 값을 저장하기 위한 추가 공간이 필요하고 계산 모드가 발생하여 계산이 불안정해질 수 있다.

후방 차분 방안(Backward Difference Scheme) 또는 암시 방안(Implicit Scheme)은 현재 시간과 다음 시간의 공간 정보를 함께 사용하여 다음 시간을 계산하는 방법이다. 현재 시간에서 다음 시간의 공간 정보를 알 수 없으므로 공간 격자점 수에 해당하는 연립방정식을 풀어서 다음 시간 값을 구한다. 후방 차분 방안의 시간 차분 근사는

$$\frac{\partial F}{\partial t} = \frac{F_m^{n+1} - F_m^{n}}{\Delta t}, \qquad \frac{\partial F}{\partial x} = \frac{\partial}{\partial x}\left(F^n, F^{n+1}\right) \tag{5.63}$$

이다(그림 5.11의 iii)). 1승 차수의 정확도를 가지며 항상 안정도 조건을 만족한다. 하지만 변수의 진폭이 크게 감쇠할 수 있다.

확산 방안(Diffusion Scheme) 또는 Lax 방안은 전방 차분 방안을 개량하여 현재 시간의 중앙 격자점 값을 인근 양쪽의 격자점 값을 평균하여 사용함으로써 안정도 조건을 만족한다. 확산 방안의 시간 차분 근사는

$$\frac{\partial F}{\partial t} = \frac{F_m^{n+1} - \frac{1}{2}\left(F_{m+1}^{n} + F_{m-1}^{n}\right)}{\Delta t}, \qquad \frac{\partial F}{\partial x} = \frac{\partial}{\partial x}\left(F^n\right) \tag{5.64}$$

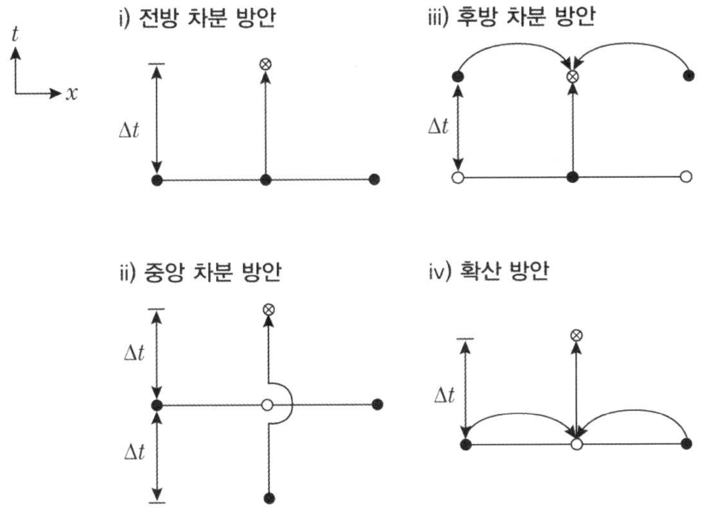

그림 5.11 기본형의 시간 차분.
유한차분 방정식의 시공간(*x*, *t*)에서 ⊗은 ●들을 사용하여 구해진 격자점이다. ○은 계산에서 사용되지 않는 격자점이다.

이다(그림 5.11의 iv)). 확산 방안의 시간 차분은 1승 차수의 정확도를 가지며 변수 진폭의 감쇠가 아주 크다.

2) 투스텝형

Matsuno 방안, Euler–후방 방안(Euler-Backward Scheme) 또는 예측자–수정자 방안(Predictor-Corrector Scheme)은 첫 번째 스텝에서는 불안정한 전방 차분 방안을 사용하여 다음 시간 값을 구한다. 두 번째 스텝에서는 후방 차분 방안을 적용하는데, 이미 첫 번째 스텝에서 구한 값을 사용하므로 일련의 연립방정식을 풀 필요가 없다. 첫 번째 스텝의 전방 차분 방안은 불안정하지만 한 스텝에서만 사용되므로 불안정이 누적되지 않는다. Matsuno 방안의 시간 차분 방안은

$$\text{첫 번째 스텝: } \frac{\partial F}{\partial t} = \frac{F_m^{*n+1} - F_m^n}{\Delta t}, \qquad \frac{\partial F}{\partial x} = \frac{\partial}{\partial x}(F^n)$$

$$\text{두 번째 스텝: } \frac{\partial F}{\partial t} = \frac{F_m^{n+1} - F_m^n}{\Delta t}, \qquad \frac{\partial F}{\partial x} = \frac{\partial}{\partial x}(F^n, F^{*n+1}) \qquad (5.65)$$

이다(그림 5.12의 i)). 이 방안은 항상 안정하고 1승 차수의 정확도를 가진다. 후방 방안을 사용하므로 진폭이 감쇠되지만 고주파 파동을 제거하는 효과가 있다.

Lax-Wendroff 방안은 이류방정식의 공간 중앙 유한차분 근사에 확산 항을 추가하여 투스텝형이 된다. 첫 번째 스텝은 Lax 방안을 적용하여 다음 시간$(n+1)$의 값을 구하고, 두 번째 스텝은 등넘기 방안을 적용하여 $(n+2)$시간의 값을 구한다. 이 방안의 시간 차분 근사는

첫 번째 스텝:

$$\frac{\partial F}{\partial t} = \frac{F_m^{n+1} - \frac{1}{2}(F_{m+1}^n + F_{m-1}^n)}{\Delta t}, \quad -\frac{\partial F}{\partial x} = -\frac{\partial}{\partial x}(F^n) + K\frac{\partial^2}{\partial x^2}(F^n)$$

두 번째 스텝:

$$\frac{\partial F}{\partial t} = \frac{F^{n+2} - F^n}{2\Delta t}, \quad -\frac{\partial F}{\partial x} = -\frac{\partial}{\partial x}(F^n, F^{n+1}) + K\frac{\partial^2}{\partial x^2}(F^{n+1}) \qquad (5.66)$$

이다(그림 5.12의 ii)). 두 단계 모두 중앙 차분의 확산 항을 추가하여 감쇠 효과가 크지만 시간에 중앙 차분 근사를 적용하므로 2승 차수 정확도를 가진다.

일반 예측자-수정자 방안(General Predictor-Corrector Scheme) 또는 Euler-사다리 방안(Euler-Trapezoidal Scheme)은 이류방정식에 적용할 때 첫 번째 스텝에서 불안정한 전방 차분 근사를 사용하여 예측하고, 두 번째 스텝에서는 현재 시간 값과 첫 스텝에서 구한 다음 시간 값을 평균하여 수정한다. 일반 예측자-수정자 방안의 시간 차분 근사는

$$\text{첫 번째 스텝: } \frac{\partial F}{\partial t} = \frac{F_m^{n+1} - F_m^n}{\Delta t}, \quad \frac{\partial F}{\partial x} = \frac{\partial}{\partial x}(F^n)$$

$$\text{두 번째 스텝: } \frac{\partial F}{\partial t} = \frac{F_m^{n+1} - F_m^n}{\Delta t}, \quad \frac{\partial F}{\partial x} = \frac{\partial}{\partial x}\left(\frac{F^{n+1} + F^n}{2}\right) \qquad (5.67)$$

이다(그림 5.12의 iii)). 이 방안은 항상 안정하고, 시간 차분은 2승 차수의 정확도를 가지며, 감쇠 효과가 있다.

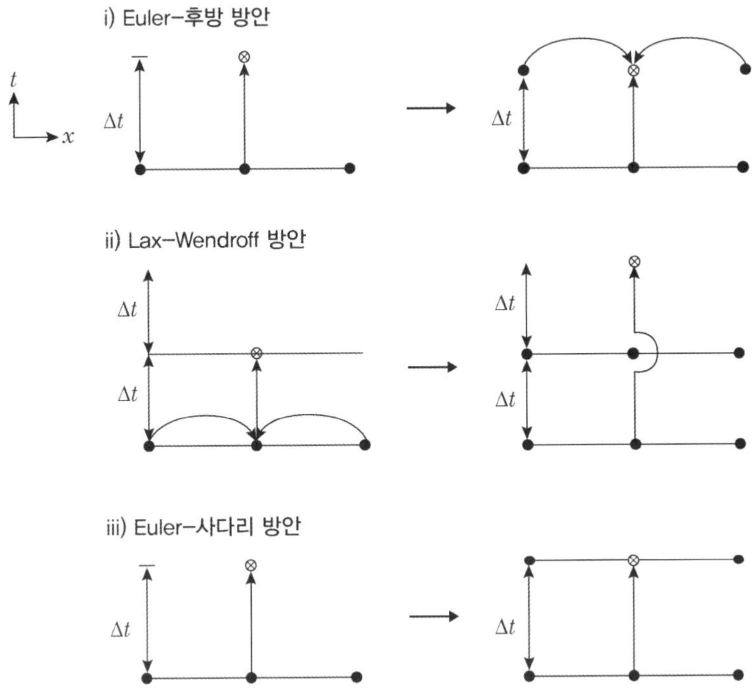

그림 5.12 투스텝형의 시간 차분.
왼편은 첫 번째 스텝, 오른편은 두 번째 스텝이다. 유한차분 방정식의 시공간(x,t) 격자점(●)들을 사용하여 새로 구해진 격자점(⊗)을 나타낸다.

3) 암시형

사다리 방안(Trapezoidal Scheme)은 이류방정식의 시간 차분에서 공간 중앙 차분을 사용하는 과정에서 현재 시간 값과 다음 시간에 구해질 값의 평균을 사용한다. 구해지지 않은 다음 시간의 값을 사용하므로 일련의 연립방정식을 풀어야 한다. 이 방법은 항상 안정하며, 2승 차수의 정확도를 가진다. 사다리 방안의 시간 차분 근사는

$$\frac{\partial F}{\partial t} = \frac{F_m^{n+1} - F_m^n}{\Delta t}, \qquad \frac{\partial F}{\partial x} = \frac{1}{2}\frac{\partial}{\partial x}\left(F^{n+1} + F^n\right) \tag{5.68}$$

이다(그림 5.13의 i)). 이 방안을 확산방정식에 적용한 경우가 Crank-Nicholson 방안이다.

Peaceman-Rachford 방안 또는 ADI 방안(Alternating Direction Implicit Scheme)은 2차원(x, y) 확산방정식에서 공간 차분 근사의 x-방향과 y-방향을 교차하여 암시방안을 적용한다. ADI 방안의 시간 차분 근사는

$$\frac{\partial F}{\partial t} = \frac{F^{n+\frac{1}{2}} - F^{n}}{\frac{1}{2}\Delta t}, \quad -(\frac{\partial^2}{\partial x^2} + \frac{\partial^2}{\partial y^2})F = -(\frac{\partial^2 F^{n+\frac{1}{2}}}{\partial x^2} + \frac{\partial^2 F^{n}}{\partial y^2})$$

$$\frac{\partial F}{\partial t} = \frac{F^{n+1} - F^{n+\frac{1}{2}}}{\frac{1}{2}\Delta t}, \quad -(\frac{\partial^2}{\partial x^2} + \frac{\partial^2}{\partial y^2})F = -(\frac{\partial^2 F^{n+\frac{1}{2}}}{\partial x^2} + \frac{\partial^2 F^{n+1}}{\partial y^2})$$

(5.69)

이다. 이 경우에 $\Delta x = \Delta y$를 사용하였다.

DuFort-Frankel 방안은 확산방정식에서 시간 차분 근사에 중앙 차분을 사용한다. 공간 차분 근사의 현재 시간(n) 중앙값을 이전 시간$(n-1)$의 값과 다음 시간 $(n+1)$의 값을 평균하여 사용한다. 이는 암시 방안을 적용하는 방식이다. DuFort-Frankel 방안의 시간 차분 근사는

$$\frac{\partial F}{\partial t} = \frac{F_m^{n+1} - F_m^{n-1}}{2\Delta t},$$

$$-\frac{\partial^2 F}{\partial x^2} = -\frac{\partial^2}{\partial x^2}(F_{m+1}^{n} - \frac{1}{2}(F_m^{n+1} + F_m^{n-1}) + F_{m-1}^{n}) \qquad (5.70)$$

이다(그림 5.13의 ii)). 이 방안은 항상 안정하고 2승 차수의 정확도를 가진다.

시간 나눔 스텝 방안(Split-Time-Step Scheme)은 확산방정식을 공간 좌표에서 암시 방안을 나누어 사용하는 방법이 있고, 한 시간 스텝 내에서 방정식의 역학 과정, 물리 과정, 난류 과정 등으로 나누어 실행하는 방법이 있다. 후자의 경우 운동방정식의 이류 과정, 운동과 질량 사이의 조절 과정, 난류 과정을 한 시간 스텝 내에서 나누어 실행한다. p-좌표계의 x-성분 운동방정식을

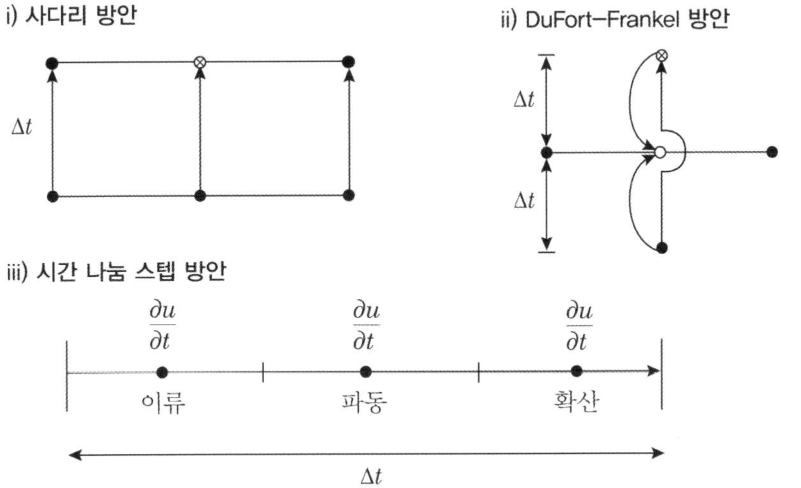

그림 5.13 암시형의 시간 차분.
i)과 ii)는 유한차분 방정식의 시공간(x,t) 격자점(●)들을 사용하여 새로 구해진 격자점(⊗)을 나타낸다. iii)은 이류, 파동, 확산 항을 시간 구간 Δt 내에서 분리하여 순차적으로 계산한다.

$$\frac{\partial u}{\partial t} + \vec{V} \cdot \nabla u - fv = -\frac{\partial \phi}{\partial x} + FX \tag{5.71}$$

라 표현한다. a) 이류 과정은 $\frac{\partial u}{\partial t} + \vec{V} \cdot \nabla u = 0$, b) 운동과 질량 사이의 조절 과정은 $\frac{\partial u}{\partial t} - fv = -\frac{\partial \phi}{\partial x}$, c) 난류 과정은 $\frac{\partial u}{\partial t} = FX$를 한 시간 스텝 내에서 각각 나누어 계산한다(그림 5.13의 iii)).

반암시(Semi-Implicit) 방안은 ADI 방안과 달리 한 공간 좌표축에서만 암시 방안을 적용한다. 예를 들어, 구면 좌표계에서 적도에서 극으로 갈수록 경도 사이의 격자 간격이 감소하므로 적분 과정에서 동서 방향의 작은 파동이 발생할 수 있다. 따라서 동서 방향의 계산에만 암시 방안을 적용한다. 2차원 확산방정식의 x-방향에만 암시 차분 근사를 적용하면

$$\frac{u^{n+1} - u^n}{\Delta t} = K \frac{\partial^2}{\partial x^2}\left(\frac{u^{n+1} + u^n}{2}\right) + K \frac{\partial^2}{\partial y^2}(u^n) \tag{5.72}$$

이 된다. 식 (5.72)는 동서 방향의 2차 미분에서 $K \frac{\partial^2}{\partial x^2}\left(\frac{u^{n+1} + u^n}{2}\right)$과 같이 암

시 방법을 적용하고 남북 방향의 2차 미분에서 $K\dfrac{\partial^2}{\partial y^2}(u^n)$과 같이 그대로 적용한다.

방정식계의 중력파 모드는 암시 방안을 적용하여 중력파를 감쇠하고 로스비 모드는 명시 방법으로 계산한다. 2차원(x,y) 운동방정식과 연속방정식

$$
\begin{aligned}
u_t + uu_x + v\,u_y &= -\phi_x + fv \\
v_t + uv_x + vv_y &= -\phi_y - fu \\
\phi_t + u\phi_x + v\phi_y &= -\phi\,(u_x + v_y)
\end{aligned}
\tag{5.73}
$$

에서 중력파 모드와 관련된 항 $-\phi_x$와 $-\phi_y$ 그리고 $-\phi\,(u_x+v_y)$의 u_x와 v_y에만 감쇠 효과를 주기 위해 사다리 방안을 적용한다. 여기서 ϕ는 지오퍼텐셜 고도다.

연습문제

1) 함수 $f(x) = \sin(\frac{2\pi}{L}x)$에 대해

$a)$ 4승 차수 오차의 정확도를 가지는 중앙 차분 근사의 미분 $\frac{\partial \hat{f}}{\partial x}$를 구하시오. 근사한 미분 $\frac{\partial \hat{f}}{\partial x}$를 미분 $\frac{\partial f}{\partial x}$에 대한 비율로 나타내고 이를 해상도 N과 $\frac{\triangle x}{L}$에 대해 표현하시오. 여기서 N은 격자점 수, $\triangle x$는 격자 간격, L은 파장이다.

$b)$ 2승 차수 오차의 정확도를 가지는 중앙 차분 근사의 미분 $\frac{\partial \hat{f}}{\partial x}$를 구하시오. 근사한 미분 $\frac{\partial \hat{f}}{\partial x}$를 미분 $\frac{\partial f}{\partial x}$에 대한 비율로 나타내고 해상도 N과 $\frac{\triangle x}{L}$에 대해 표현하시오. 또 문제 $a)$의 4승 차수 오차의 정확도인 차분 미분 $\frac{\partial \hat{f}}{\partial x}$와 2승 차수 오차의 정확도인 차분 미분 $\frac{\partial \hat{f}}{\partial x}$를 서로 비교하시오.

$c)$ 격자 간격 $\triangle x$의 2승 차수 오차의 정확도를 가지는 중앙 차분 근사식과 격자 간격 $2\triangle x$의 4승 차수 오차의 정확도를 가지는 중앙 차분 근사식 사이의 관계를 해상도 N과 $\frac{\triangle x}{L}$에 대해 표현하고 설명하시오.

2) 확산방정식 $\frac{\partial u}{\partial t} = K\frac{\partial^2 u}{\partial x^2}$에 유한차분 근사한 방안 중 하나인 Crank-Nicolson 암시 방안은

$$\frac{u_m^{n+1} - u_m^n}{\triangle t} = K\frac{1}{2}\left(\frac{u_{m+1}^{n+1} - 2u_m^{n+1} + u_{m-1}^{n+1}}{\triangle x^2} + \frac{u_{m+1}^n - 2u_m^n + u_{m-1}^n}{\triangle x^2}\right)$$

이다. 폰 노이만 방법을 사용하여 안정도 조건을 구하시오. K는 상수다. 이 방

안은 항상 안정하다.

3) 이류방정식 $\frac{\partial u}{\partial t} = - u_0 \frac{\partial u}{\partial x}$에 유한차분 근사를 적용한 Lax 방안은

$$\frac{u_i^{n+1} - \frac{1}{2}(u_{i+1}^n + u_{i-1}^n)}{\Delta t} = -u_0 \frac{u_{i+1}^n - u_{i-1}^n}{2\Delta x}$$

이다. 경계조건과 초기조건을 무시하고 매트릭스 방법을 사용하여 Lax 방안의 안정도 조건을 구하시오. u_0는 상수다.

4) 변수 $u(x,t), h(x,t)$를 사용한 1차원 파동방정식을 $\frac{\partial u}{\partial t} = - g\frac{\partial h}{\partial x}$, $\frac{\partial h}{\partial t} = - h_0 \frac{\partial u}{\partial x}$라고 표현할 수 있다. g와 h_0는 상수다. 시간은 전방 차분 근사를, 공간은 중앙 차분 근사를 사용하면 유한차분 방정식은 각각

$$u_m^{n+1} = u_m^n - \frac{g\Delta t}{2\Delta x}(h_{m+1}^n - h_{m-1}^n),$$

$$h_m^{n+1} = h_m^n - \frac{h_0 \Delta t}{2\Delta x}(u_{m+1}^n - u_{m-1}^n)$$

이다. 폰 노이만 방법을 사용하여 안정도 조건을 구하시오.

5) 진동방정식 $\frac{\partial u}{\partial t} = - fv$와 $\frac{\partial v}{\partial t} = fu$의 유한차분 방정식을 각각

$$\frac{u_m^{n+1} - u_m^n}{\Delta t} = -f v_m^n,$$

$$\frac{v_m^{n+1} - v_m^n}{\Delta t} = f u_m^{n+1}$$

로 표현한다. 이 유한차분 방정식은 첫 번째의 유한차분 방정식에서 구한 u_m^{n+1}을 두 번째 유한차분 방정식에 바로 사용한다. 이 방법에서 수치해의 안정도 조건을 구하시오.

6) 유한차분 방정식의 수치해가 유한한 시간 $T\,(N = \dfrac{T}{\Delta t})$ 내에서 안정하다면 유한차분 방정식은 안정하다. 유한차분 방정식의 안정도 분석으로부터 고유치 $\lambda = 1 + a\Delta t$(a는 상수)를 얻는다. Δt가 아주 작아서 $N \rightarrow \infty$의 경우($\Delta t \rightarrow 0$의 경우), 즉 유한한 시간(T) 내에서 Δt를 아주 작게 하더라도 유한 시간 구간 T 내에서 λ^N이 안정할 수 있다는 것을 증명하시오. 달리 표현하면 λ^N이 무한히 커지지 않는다는 것을 증명하는 것이다.

7) 두 파 $u_1 = u_0 \sin(k_1 x)$와 $u_2 = u_0 \sin(k_2 x)$는 서로 비선형 상호작용을 한다. 이 두 파의 상호작용을

$$(u_1 \times u_2) = \frac{1}{2} u_0^2 \left[\cos(k_1 - k_2)x - \cos(k_1 + k_2)x\right]$$

로 표현할 수 있다. 여기서 $L_1 = 2\Delta x$인 파와 $L_2 = 2\Delta x,\ 4\Delta x,\ 6\Delta x, 8\Delta x,\ 10\Delta x$인 파가 각각 상호작용할 때 에일리어싱 현상이 발생한다. 각각 에일리어싱된 파를 찾고 그 결과를 그림으로 설명하시오.

8) 이류방정식 $\dfrac{\partial u}{\partial t} = -u\dfrac{\partial u}{\partial x}$를 $\dfrac{\partial u}{\partial t} = -(\dfrac{1}{3})(u\dfrac{\partial u}{\partial x}) - (\dfrac{2}{3})\dfrac{\partial}{\partial x}(\dfrac{u^2}{2})$라고 표현하고 중앙 차분 근사를 적용한 후 양변에 u_m을 곱하면

$$\frac{\partial}{\partial t}\left[\frac{1}{2}\sum_m (u_m)^2\right] = -\frac{1}{6}\Delta x \sum_m (u_m^2 u_{m+1} - u_m^2 u_{m-1} + u_m u_{m+1}^2 - u_m u_{m-1}^2)$$

이고, 경계에서 u의 값이 0이면 오른쪽 항이 유한한 값이 되는 것을 증명하시오.

9) 이류방정식 $\dfrac{\partial u}{\partial t} = -u\dfrac{\partial u}{\partial x}$의 유한차분 방정식을

$$\frac{u_m^{n+1} - u_m^n}{\Delta t} = -u_m^n \frac{-u_{m+2}^n + 4u_{m+1}^n - 3u_m^n}{2\Delta x}$$

라고 표현한다. 이 유한차분 방정식의 보존성을 증명하시오.

제6장

격자 시스템

제1절 | 수평 격자 시스템

대기 수치모델에서 수치해를 구하는 중요한 과정 중 하나는 격자 시스템(Grid System)의 구축이다. 주어진 수치 예보 문제의 해를 얻기 위해 격자 시스템을 어떻게 설계할 것인지는 전략적으로 접근해야 하는 문제다. 즉, 주어진 문제에서 수치해의 성격을 파악하고 모델의 적분 영역, 적분 방법, 경계조건, 계산 방법, 절단 오차 등을 고려하여 효율적으로 결과를 얻을 수 있도록 격자 시스템을 결정해야 한다. 대기의 평균 운동은 주로 수평 방향이므로 수평 격자 시스템을 선택한 후 대기의 연직 성질을 고려하여 연직 좌표계를 선택한다.

수치모델은 대부분 수치해의 안정도 및 오차 분석에 유리한 균일 격자(Uniform Grid)를 사용한다. 모델 영역의 경계 지역 또는 지구 구면(Spherical Surface) 등에는 비균일 격자(Non-uniform Grid)가 활용된다. 지구 구면에서 경도/위도 격자는 좌표상으로는 균일하지만 실제 거리는 균일하지 않다. 비균일 격자는 격자 간격이 점진적으로 변하는 경우(예: 구면 격자의 경도 간격)와 급격히 변하는 경우(예: 모 격자와 둥지 격자 사이)로 구분할 수 있다. 실용적 측면에서 비균일 격자는 해를 효율적으로 구할 수 있다는 장점이 있으나, 격자 사이의 불균일성을 조정해야 한다는 것이 단점이다. 균일 격자 시스템 중 엇갈림 격자(Staggered Grid)는 계산의 효율, 변수의 지정, 해의 안정성에 중요한 역할을 하므로 많은 수치모델이 엇갈림 격자를 선택한다. 이 절에서는 엇갈림 격자, 구면 격자(Spherical Grid), 둥지 격자(Nested Grid)를 설명한다.

1) 엇갈림 격자 시스템

엇갈림 격자 시스템(Staggered Grid System)은 격자 시스템의 모든 격자점에서 계산하지 않고 변수를 격자점에서 엇갈려 계산하는 방법이다. 이 경우 불필요한 계산을 피하고 계산의 효율을 높이며, 수치해의 결과에서 나타나는 모순도 피할 수 있다. 변수들의 성질과 계산 효율을 고려하여 여러 엇갈림 격자 시스템을 사용할 수 있는데, 여기서는 간단한 두 변수의 1차원 파동(이류)방정식을 예로 설명한다.

1차원 파동방정식의 변수 속도 $u(x,t)$와 고도 $h(x,t)$를 사용하여 운동방정식과 연속방정식의 유한차분 근사를 엇갈림 격자 시스템에서 표현해 본다. 1차원 파동방정식을

$$\frac{\partial u}{\partial t} = -g\frac{\partial h}{\partial x}$$

$$\frac{\partial h}{\partial t} = -H\frac{\partial u}{\partial x} \tag{6.1}$$

와 같이 표현한다. g는 중력가속도이고 H는 평균고도다. 시간과 공간 모두 중앙 차분 근사를 적용하면 유한차분 방정식은

$$u_m^{n+1} = u_m^{n-1} - \frac{g\triangle t}{\triangle x}(h_{m+1}^n - h_{m-1}^n)$$

$$h_m^{n+1} = h_m^{n-1} - \frac{H\triangle t}{\triangle x}(u_{m+1}^n - u_{m-1}^n) \tag{6.2}$$

이 된다. 제일 쉬운 방법은 이 유한차분 방정식으로 모든 격자점에서 두 변수 (u,h)를 모두 계산하는 것이다(그림 6.1). 그러나 이러한 격자 시스템에서는 결과적으로 공간의 좌우 격자점과 시간의 전후 격자점을 전혀 사용하지 않는 모순이 발견된다. 이 유한차분 방정식을 원하는 시간까지 완전히 적분한 후의 최종 계산 결과

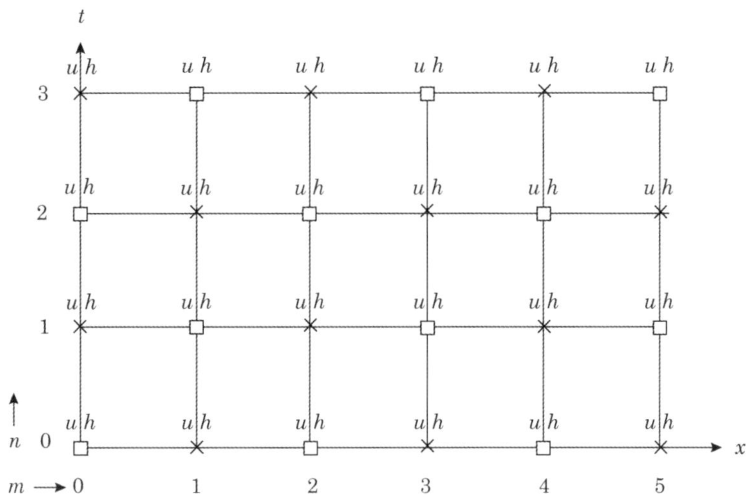

그림 6.1 일반 격자 시스템의 시공간(x,t) 격자점.
두 변수를 모든 격자점에 지정한다. 격자점 □과 ×는 각각 이웃하는 점이지만 계산 과정에서 서로 완전히 독립적으로 진행된다.

에서 시간과 공간의 각각 이웃 격자점 값이 반영되지 않은 것을 알 수 있다. 이로 인해 계산된 해는 인접 격자점 사이에서 서로 완전히 분리되어 결국 전혀 다른 수치해가 될 수 있다. 이 격자 시스템을 사용하는 데 있어서 중앙 차분 근사의 2승 차수 정확도를 가지더라도 이와 같은 오류가 수치해의 정확성에 큰 영향을 끼친다.

식 (6.2)의 어느 한 격자점에서 좌우 격자점 변수들과 시간의 전후 격자점 변수들을 생략한 격자 시스템을 구성한다고 가정하자. 이 경우 차분 근사하는 모든 격자점의 시공간 간격은 변하지 않으면서 계산량이 절반으로 줄어들고, 시공간 격자점 간격이 두 배로 늘어나는 효과를 가져온다(그림 6.2). 결국 계산량은 절반으로 줄어들고, 절단 오차는 같으면서 격자점 간격이 두 배로 늘어나는 효율적인 엇갈림 격자 시스템이 된다. 또 이웃 격자점을 사용하지 않아서 해가 분리되는 모순도 나타나지 않는다. 이와 같은 격자 시스템에 한 변수(u 또는 h)와 다른 변수(h 또는 u)를 한 격자점에서 함께 계산하지 않고, 한 격자점에서 하나의 변수만을 계산하면 계산량은 다시 절반으로 줄어든다(그림 6.3). 이 격자 시스템은 이전 격자 시스템보다도 계산량이 다시 절반으로 줄어 결과적으로 전체 계산량은 $\frac{1}{4}$로 줄어든다. 이 경우는 경계에서 한 변수만 경계조건을 준다는 장점만이 아니라 경계조건으로서 변수를 선

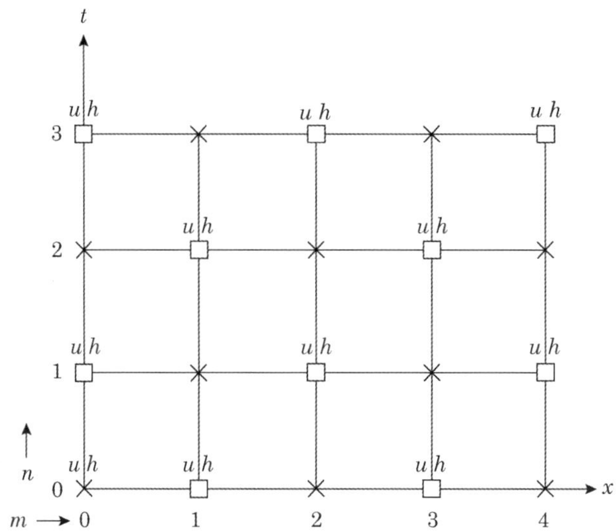

그림 6.2 엇갈림 격자 시스템의 시공간(x,t) 격자점 I.
두 변수를 엇갈리게 격자점 □에만 지정한다. 따라서 모든 격자점을 사용하는 것은 아니므로 계산량이 절반으로 줄어든다.

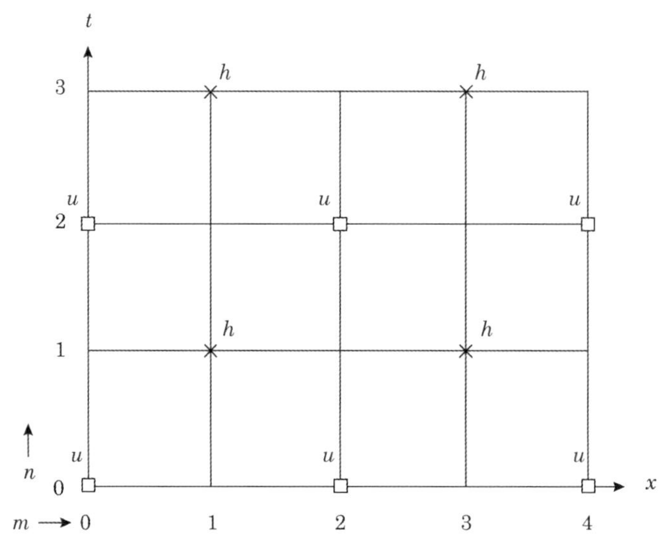

그림 6.3 엇갈림 격자 시스템의 시공간(x,t) 격자점 II.
두 변수를 각각 엇갈리게 격자점 □와 ×에 지정한다. 변수도 엇갈리게 하여 변수가 각각 한 격자점에만 지정되므로 계산량이 다시 절반으로 줄어든다.

택적으로 지정할 수 있다는 장점도 있다. 또 이 경우 경계에서 고도(h)보다는 물질의 이동을 반영하는 속도(u)를 적용하는 장점이 있다.

엇갈림 격자 시스템의 장점은 계산의 효율성 향상, 상대적으로 중요한 종속변수를 격자점에 지정할 수 있는 편의성(특히 경계에서) 등이 있지만 1차 미분만 적용할 수 있다는 제한이 있다. 실제로 수치모델의 연직 좌표계에서 하단과 상단의 경계조건으로 연직 성분 속도를 영($w=0$)으로 지정하고 식 (6.2)의 경우 측면 경계조건(Lateral Boundary Condition)으로 고도보다는 속도를 적용하는 것이 더 적절할 수 있다. 수치모델에서 엇갈림 격자 시스템을 사용하면 계산의 효율뿐만 아니라 수치모델 격자 시스템을 구축하는 전략에도 도움이 된다. Arakawa 5개 형 엇갈림 격자 시스템의 예는 수치모델의 격자 시스템을 이해하고 적용하는 데 유용하다(그림 6.4). 또 부록 V에 이 격자 시스템을 1차원 중력파 방정식에 적용하여 격자 시스템 사이의 정성적 해를 비교한 결과를 소개하였다.

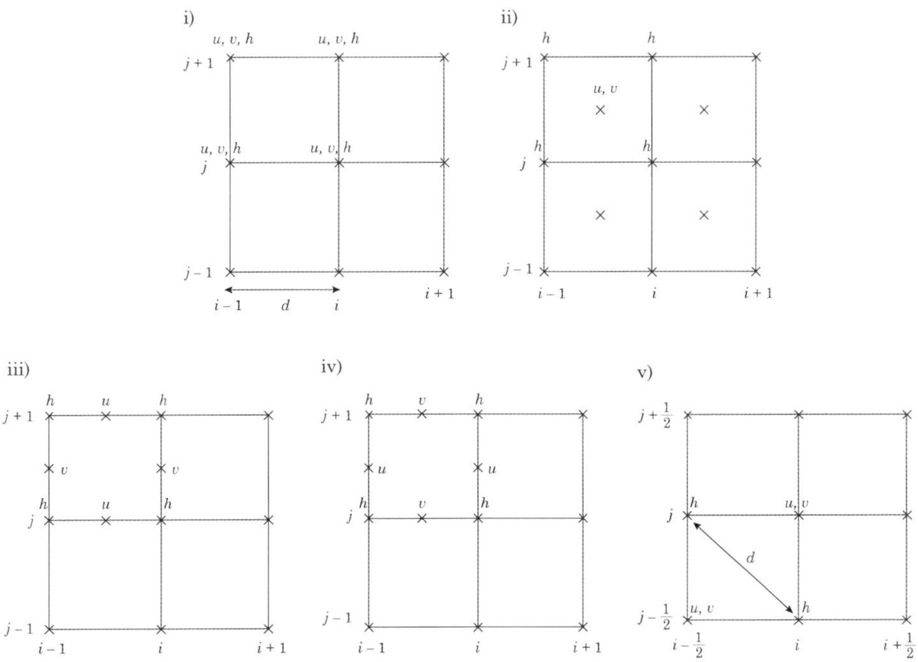

그림 6.4 Arakawa 5개 형 엇갈림 격자 시스템.

2) 구면 격자 시스템

구면의 위도/경도(Latitude/Longitude) 좌표계를 사용하는 격자 시스템은 위도에 따라 경도 간 실제 거리가 달라진다. 극으로 갈수록 경도 간 실제 거리가 점점 좁아져서 결국 극점에서 하나의 특이점이 발생하고 이 지점에서는 방향도 정의되지 않는다(그림 6.5). 또 위도/경도 격자 시스템의 극점에서는 바람의 방향이 존재하지 않고, 극점에서 미분 함수를 표현하려면 위도에 따라 동서 방향의 거리가 달라지므로 이를 처리하기가 간단하지 않다. 또한 1차원 이류방정식의 안정도 조건 $\frac{c\triangle t}{\triangle x} \leq 1$을 만족하려면 위도에 따라 크기가 다른 $\triangle x$를 사용해야 하고, $\triangle x$가 달라지면 $\triangle t$도 조정해야 하므로 수치모델 방정식을 적분하는 방법이 복잡해진다.

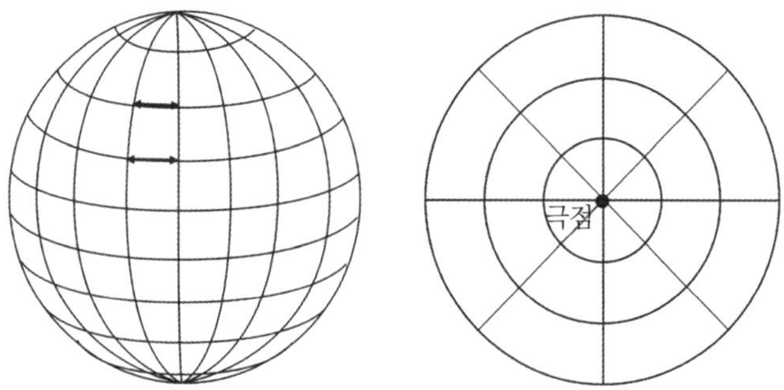

그림 6.5 위도/경도 격자 시스템.
극으로 갈수록 경도 간 실제 간격이 줄어들고 결국 극점은 특이점이 된다.

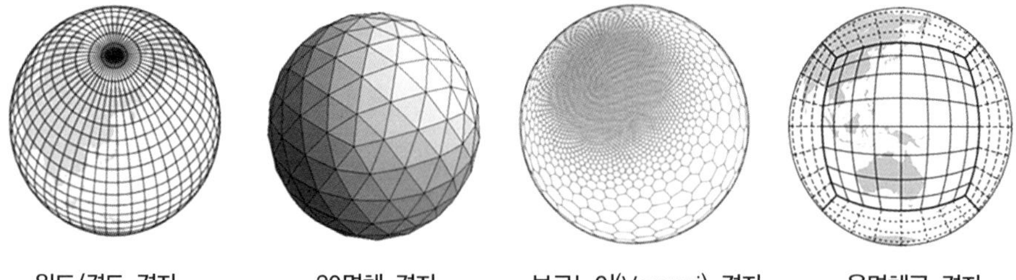

그림 6.6 구면 격자 시스템의 예.

구면에서 3각형(Triangle), 6각형(Hexagonal) 등 다각형 격자 시스템은 위도/경도 격자 시스템의 단점인 극점의 특이성을 피하면서 구면 전역에서 거의 같은 격자 간격을 가지도록 구면을 구성한다(그림 6.6). 그러나 다각형의 변과 꼭지의 계산은 좀 더 복잡해진다.

3) 둥지 격자 시스템

이 격자 시스템은 저해상도 격자 시스템 내에 고해상도 격자 시스템을 포함하는 이중 격자 시스템으로서, 저해상도 영역 내에 고해상도 영역을 두어 특정 지역에서 발생하는 현상의 해를 상세하게 해석하려는 것이다. 그러나 두 격자 시스템 사이에서 발생하는 급격한 변화를 완화해야 하므로 두 격자 시스템 간 변수의 특징과 변화를 고려하고 내삽 등을 통해 경계에서 정확도를 유지하면서 계산 오차를 최소화하는 것이 필요하다.

앞서 5장 1절의 1차원 이류방정식을 분석한 바와 같이 위상속도의 해석해(c)와 수치해(c_F) 사이의 비율을 나타내는 식 (5.15)는

$$\frac{c_F}{c} = \frac{\sin^{-1}\left[\frac{c\triangle t}{\triangle x}\sin(\mu\triangle x)\right]}{c\mu\triangle t} \tag{6.3}$$

이다. 여기서 $\frac{c\triangle t}{\triangle x} = \frac{1}{2}$인 경우, N=10, 5, 4, 3, 2의 비율은 각각 $\frac{c_F}{c} = 0.945$, 0.792, 0.674, 0.430, 0.000이다. 수치해의 위상속도는 한 파동 내의 격자점 수가 적으면(N이 작으면) 해석해보다 느리게 진행한다. 따라서 저해상도 격자 시스템에서 고해상도 격자 시스템을 통과한 후 해상도 차이로 인해 파동의 위상속도 차이가 발생한다. 즉, 두 격자 시스템 간 $\triangle x$ 크기의 차이로 인해 고해상도 격자 시스템을 통과한 후 저해상도 영역의 격자 시스템에서 파동의 위상 변화가 발생한다. 또한 고해상도 격자 시스템 내에서는 군속도의 변화도 발생한다. 이러한 변화를 고려하여 각 격자 시스템에서 변화하는 현상을 해석하는 것이 중요하다(그림 6.7).

둥지 격자 시스템을 적용하는 경우, 두 격자 시스템 사이의 정보 교환을 기준으로 구분하는 일방 상호작용(One-Way Interaction) 방법과 양방 상호작용(Two-

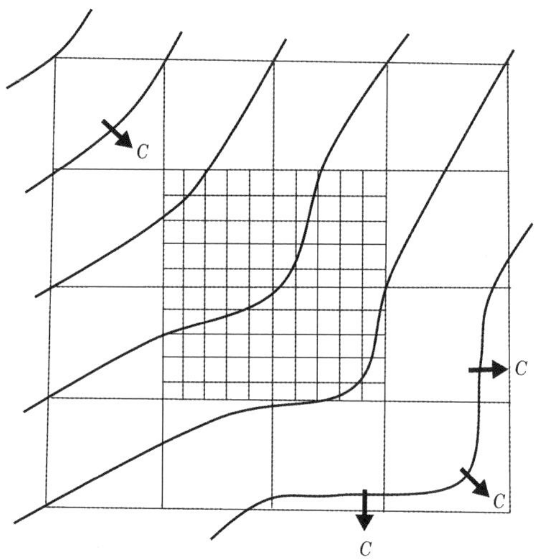

그림 6.7 둥지 격자 시스템에서의 위상속도 변화.
작은 격자를 통과한 이후 파동의 위상속도가 변화하는 모식도로서 $\frac{c_F}{c}$의 변화를 보여 준다 (그림 5.3 참조).

Way Interaction) 방법이 있다. 일방 상호작용 방법의 경우는 저해상도 격자모델을 먼저 계산하고 그 결과를 고해상도 격자모델의 경계 자료로 사용한다. 일방 상호작용 방법은 고해상도 격자모델이 저해상도 모델과 상이한 역학과 물리 시스템을 사용할 수 있고 두 모델을 동시에 적분할 필요가 없다는 장점이 있으나, 고해상도 모델의 수치해는 두 격자 시스템 사이의 경계를 처리하는 방법에 민감하게 영향을 받는다.

양방 상호작용 방법의 경우 저해상도 격자모델과 고해상도 격자모델을 동시에 계산하면서 고해상도 격자모델과 저해상도 격자모델이 서로의 결과를 상호 이용하므로 좀 더 현실적인 상호 정보 교환이 이루어진다. 이러한 관점에서 두 격자 시스템의 역학 및 물리 과정을 갖도록 구성하는 것이 바람직하다. 그뿐만 아니라 두 모델 사이의 해상도 차이에 따른 역학 및 물리 과정의 차이를 조절할 필요가 있고 두 모델의 경계에서 발생하는 정보가 어떻게 처리되는지 해석하는 방법이 필요하다. 수치모델을 계산하는 성능이 향상되면서 양방 상호작용 방법을 적용하는 경향이 증가하고 있다.

제2절 | 연직 좌표계

대기 성분의 연직 분포, 비균질한 지표면, 지형에 의해 형성된 대기 하층의 복잡한 상태와 운동을 충분히 반영하기 위해서 비균질 연직 좌표계를 사용한다. 연직 좌표계는 수치해를 구하려는 목적과 방법에 따라 고도(z) 좌표계, 압력(p) 좌표계, 시그마(σ) 좌표계, 온위(θ) 좌표계, 혼합(Hybrid) 좌표계 등이 있다. 식 (2.1)~식 (2.8)의 방정식계는 z-좌표계를 사용한 것이다. z-좌표계 이외의 다른 연직 좌표계에서는 수평 기압 경도력, 정역학 방정식, 연속방정식이 다르게 표현된다. 연직 좌표계를 설명하기 위해 사용되는 연산자 ∇ 기호, $\nabla = \vec{i}\frac{\partial}{\partial x} + \vec{j}\frac{\partial}{\partial y}$를 사용하고 ∇_z, ∇_p, ∇_σ는 각각 z-좌표계, p-좌표계, σ-좌표계의 수평경도 벡터를 뜻한다. z-좌표계의 연직성분 속도는 $w = \frac{dz}{dt}$, p-좌표계의 연직성분 속도는 $\omega = \frac{dp}{dt}$, σ-좌표계의 연직성분 속도는 $\dot{\sigma} = \frac{d\sigma}{dt}$라고 표현한다.

연직 좌표계를 일반화하여 ξ라고 놓으면, ξ와 z는 일대일 관계가 성립한다. 따라서 $\xi = \xi(x, y, z, t)$는 (x, y, z, t)의 함수이고, $z = z(x, y, \xi, t)$는 (x, y, ξ, t)의 함수가 된다. A를 스칼라 또는 벡터인 종속변수라고 하면,

$$A(x, y, \xi, t) = A[x, y, z(x, y, \xi, t), t] \tag{6.4}$$

라는 함수 관계가 성립된다. 일반화한 연직성분 독립변수 $\eta(x, y, t)$에 대해 변수 A를 ξ-좌표계와 z-좌표계에서 미분하면

$$\frac{\partial A}{\partial \eta}\Big|_\xi = \frac{\partial A}{\partial \eta}\Big|_z + \frac{\partial A}{\partial z}\frac{\partial z}{\partial \eta}\Big|_\xi \tag{6.5}$$

가 된다. 이때 $\frac{\partial A}{\partial \xi} = \frac{\partial A}{\partial z}\frac{\partial z}{\partial \xi}$이고, $\frac{\partial A}{\partial z} = \frac{\partial A}{\partial \xi}\frac{\partial \xi}{\partial z}$이다. z-좌표계를 ξ-좌표계로 변환하는 일반화된 연직 좌표계는

$$\frac{\partial A}{\partial \eta}\Big|_\xi = \frac{\partial A}{\partial \eta}\Big|_z + \frac{\partial A}{\partial \xi}\frac{\partial \xi}{\partial z}\frac{\partial z}{\partial \eta}\Big|_\xi \tag{6.6}$$

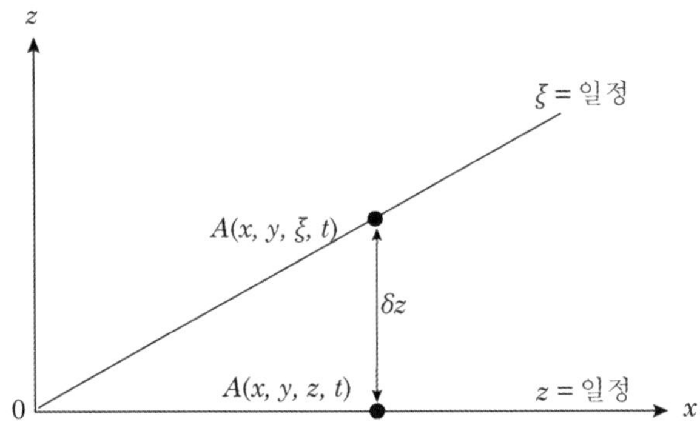

그림 6.8 z-축 연직 좌표계와 ξ-축 연직 좌표계의 함수 관계.

의 관계가 성립한다(그림 6.8).

z-좌표계의 방정식을 p-좌표계로 변환하면, p-좌표계의 수평 기압 경도력, 정역학 방정식, 연속방정식은 식 (6.6)의 ξ가 p로 대체된다. z-좌표계와 p-좌표계에서 수평 기압 경도력, 정역학 방정식, 연속방정식은 각각

$$-\frac{1}{\rho}\nabla_z p = -\nabla_p \phi$$

$$-\frac{1}{\rho}\frac{\partial p}{\partial z} + g = \frac{\partial \phi}{\partial p} + \frac{1}{\rho} = 0$$

$$\frac{1}{\rho}\frac{d\rho}{dt} + \nabla_z \cdot \vec{V} + \frac{\partial w}{\partial z} = \nabla_p \cdot \vec{V} + \frac{\partial \omega}{\partial p} = 0 \tag{6.7}$$

이다. 식 (6.7)의 왼편은 z-좌표계, 오른편은 p-좌표계로 표현한 것이다. p-좌표계는 기압 경도력의 압력 대신에 지오퍼텐셜 고도를 사용하고, 연속방정식이 진단방정식으로 표현되며, 속도 발산이 0이 된다.

σ-좌표계는 지면을 따라 대기압을 지상기압으로 정상화(Normalized)한 것으로서 $\sigma = \frac{p}{p_s}$와 같이 정의된다. 그러므로 p-좌표계와 크게 다르지 않고 하층에서 지형의 영향을 포함한다. 지형의 영향을 받는 σ-좌표계의 연직 좌표면은 대기 하층에서 지형을 따르지만, 지형의 영향을 받지 않는 중상층에서는 p-좌표계와 거의 비슷하

거나 일치한다. σ-좌표계의 수평 기압 경도력, 정역학 방정식, 연속방정식은 식 (6.6)의 ξ 대신에 σ를 넣으면 z-좌표계와 σ-좌표계 사이의 관계는 각각

$$-\frac{1}{\rho}\nabla_z p = -\frac{1}{\rho}\sigma\nabla_\sigma p_s - \nabla_\sigma \phi$$

$$-\frac{1}{\rho}\frac{\partial p}{\partial z} + g = -\frac{1}{\rho}p_s + \frac{\partial\phi}{\partial\sigma} + g = 0$$

$$\frac{1}{\rho}\frac{d\rho}{dt} + \nabla_z\cdot\vec{V} + \frac{\partial w}{\partial z} = \frac{\partial p_s}{\partial t} + \nabla_\sigma\cdot(p_s\vec{V}) + \frac{\partial(p_s\dot{\sigma})}{\partial\sigma} = 0 \qquad (6.8)$$

이다. σ-좌표계의 지상($p = p_s$)에서는 $\sigma = 1$, $\dot{\sigma} = 0$이고, 대기 상단($p = 0$)에서는 $\sigma = 0$, $\dot{\sigma} = 0$이 된다. σ-좌표계의 수평 기압 경도력과 정역학 방정식은 지상 기압(p_s)을 포함하여 2개 항으로 나누어지고 연속방정식이 지상기압의 총변화율로 표현된다. 그림 6.9는 지형과 함께 z-좌표계, p-좌표계, σ-좌표계를 비교한 것이다.

θ-좌표계는 온위를 연직 축으로 사용한 좌표계다. 건조 공기가 보존되는 온위를 사용하므로 θ-좌표계 면은 건조 정적 에너지가 일정한(보존되는) 좌표면이다. 따라

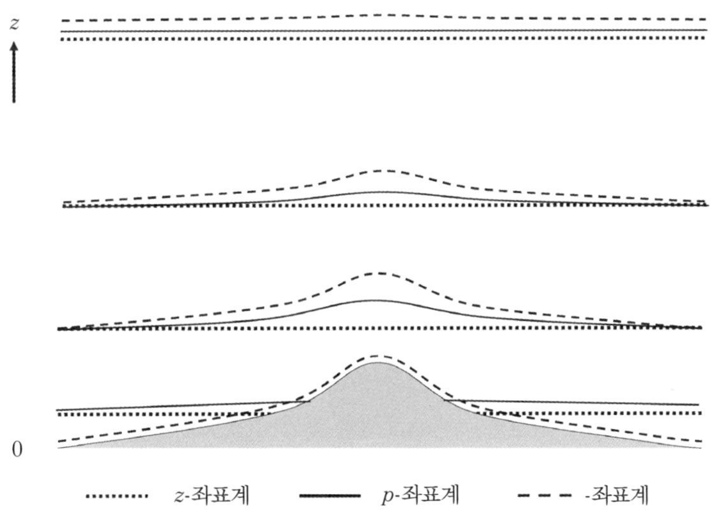

그림 6.9 z-좌표계, p-좌표계, σ-좌표계의 모식도.
지면 근처의 하층에서 좌표계들 간에 차이가 크다.

서 θ-좌표면에서 운동하는 공기 입자는 일정한 정적 에너지를 가지고 이동한다. 공기 입자가 θ-좌표면을 바꾸어 이동하면 공기 입자의 정적 에너지에 변화가 발생한 것이므로 대기의 운동과 관련된 에너지 변화를 알게 된다. 혼합 좌표계의 한 예로는 p-좌표계와 σ-좌표계를 혼합한 좌표계인데, 하층에는 지형을 따르는 σ-좌표계를 적용하고 p-좌표계와 σ-좌표계가 일치하거나 비슷한 중상층에는 p-좌표계를 적용한다.

제3절 | 경계조건

제한된 영역의 수치해를 구할 때 영역 경계에서 가능한 한 경계조건에 맞는 유한차분 방안을 적용한다. 영역 내외의 물질 또는 에너지가 경계를 통해 유입 및 유출되는 것을 정확하게 표현하지 못하면 정확한 수치해를 기대할 수 없다. 경계 밖에 격자점이 없거나, 격자점이 있더라도 경계 안과 상이할 수 있으므로 경계 근처에서는 비중앙 유한차분 근사를 적용한다. 미분과 주어진 격자점 수 등의 조건이 같아도 비중앙 유한차분 근사는 중앙 유한차분 근사와 비교하여 정확도가 1승 차수 낮다. 부정확한 경계조건으로 인해 영역 내 물질 또는 에너지가 보존되지 않고 증가하면 수치해가 계산 과정에서 폭발할 수 있다. 특히 경계조건으로 종속변수를 결정하는 방법은 모델 방정식 시스템의 표현과 계산 과정에 상당한 영향을 끼친다.

제한 영역 수치모델의 경계조건은 닫힌 경계(Closed Boundary)와 열린 경계(Open Boundary)로 구분할 수 있다. 물리적 측면에서 닫힌 경계조건은 경계에 수직 또는 접선 방향의 바람 조건을 설정해 내부 파동이 경계에서 내부로 반사되어 내부 물질 또는 에너지가 증가하지 않도록 하며, 경계조건의 정보가 경계 안으로 잘 전달되도록 한다. 열린 경계조건은 경계에서 제한이 없으며, 경계에서 물질 또는 에너지의 유입이 잘 이루어지도록 경계 내부의 조건과 관계없이 경계 외부의 값을 지정하거나 미분값을 적용한다. 수학의 닫힌 경계조건은 보통 Dirichlet, Neumann, Cauchy 경계조건을 적용한다. 열린 경계조건은 변수의 파동 또는 물질이 경계에서 잘 전파되도록 특성법(Method of Characteristics)을 적용하거나 선형적 역학 관계를 적용한다.

열린 경계에서 위상속도보다는 군속도의 오차가 더 심각하다. 제5장에서 설명한 바와 같이 1차 이류방정식에서 해석해와 수치해 사이의 위상속도와 군속도 관계는 $c = c_g > \hat{c} > \hat{c}_g$라는 것에 주목할 필요가 있다. 여기서 c와 c_g는 각각 해석해의 위상속도와 군속도이고, $\hat{c}$와 $\hat{c}_g$는 각각 수치해의 위상속도와 군속도다. 수치해의 절단 오차는 정보를 전파하는 군속도의 경우 격자점 수에 더욱 민감하다. 따라서 절단 오차를 최대한 줄이는 유한차분 방안을 적용하거나 격자점 수를 늘리는 방법을 사용한다.

전구 모델은 측면 경계조건이 필요치 않지만, 지역 모델은 측면 경계조건이 매우 중요하며 수치해에 영향을 크게 끼친다. 유한차분 근사의 경우, 닫힌 경계에서 모델 영역 내부와 경계에만 격자점이 존재하면 2승 차수 이하의 비중앙 유한차분 근사를 사용한다. 경계의 밖에 사용할 격자점이 있는 경우 중앙 유한차분 근사를 사용하면 절단 오차를 더 줄일 수 있다. 경계에 격자점이 없는 경우, 경계 내외의 격자점 값을 내삽 또는 평균하여 사용할 수 있다. 주의할 점은 경계에서의 유한차분 근사의 차수는 경계 내 유한차분 근사의 차수보다 낮아야 한다는 것이다. 열린 경계에서 경계 외부의 정보가 내부로 유입될 수 있도록 내부 조건과 독립적으로 경계에서 값을 지정하거나 변수의 1차 미분값을 적용하면 경계 내외 정보 입출의 경직성을 피할 수 있다.

경계 내부에서 외부로 정보가 나갈 때는 에너지 또는 물질이 외부로 나가지 못하고 내부에 축적되지 않도록 절단 오차 효과를 충분히 줄여야 한다. 이 경우 선형 2차 미분이 0이 되는 외삽법(Extrapolation) 또는 상향류 차분 근사를 사용하는 것이 바람직하다. 이류방정식 $\frac{\partial u}{\partial t} + c\frac{\partial u}{\partial x} = 0$에서 이류효과가 있도록 경계에서 변수 $u(x,t)$의 1차 미분을 0으로 지정할 수 있다. 경계조건으로 특성법을 적용하는 것은 이류방정식을 사용하여 내부에서 외부로 정보를 유출하는 특성을 이용하는 것이다. 선형 이류방정식 $\frac{\partial u}{\partial t} + c\frac{\partial u}{\partial x} = 0$의 일반해는 $u \approx F(x-ct)$이다. 함수 u는 x-t축에서 c의 속도로 이동한다는 의미다.

경계에서 이류방정식 $\frac{\partial u}{\partial t} + c\frac{\partial u}{\partial x} = 0$에 비중앙 유한차분을 적용하면

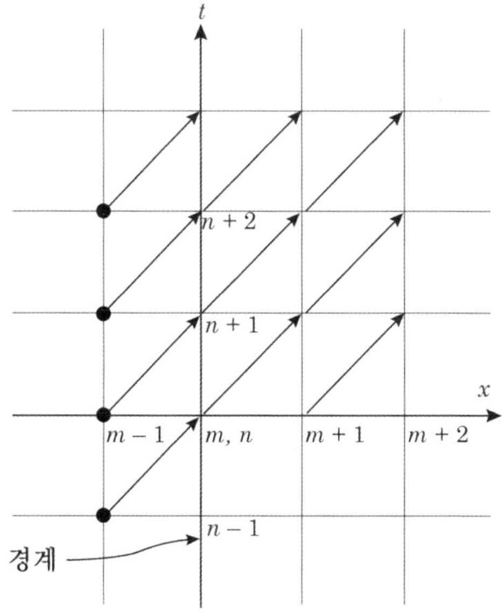

그림 6.10 이류효과의 경계조건.
$x = m$의 시간(t) 축은 수치모델의 경계를 의미한다.

$$u_m^{n+1} = (\frac{c\triangle t}{\triangle x})u_{m-1}^n + (1 - \frac{c\triangle t}{\triangle x})u_m^n \tag{6.9}$$

이 된다. 식 (6.9)는 다음 시간($n+1$)에서 격자점 m의 u 값이 현재 시간(n)의 격자점 $m-1$과 m의 조합으로 결정되어 경계를 통과하는 이류효과를 가지게 된다(그림 6.10). 이 경우 조합 인자는 $\frac{c\triangle t}{\triangle x}$이다.

다른 방법으로는 영역의 닫힌 경계 내부에 점성(Viscosity), 완충(Buffer), 스펀지(Sponge), 끝(End) 등의 구역을 지정하여 유출 정보가 이 구역 내에 흡수되도록 하는 것이 있다. 이는 함수 u가 감쇠되는 효과가 있게 하는 방법으로서 완충 구역에 확산항 $K\frac{\partial^2 u}{\partial x^2}$ 또는 $K(u-\bar{u})$를 방정식에 추가한 것이다. 여기서 K는 확산계수이고 $\bar{u}$는 경계조건이며, K 값이 클수록 완충 구역에서 유출 정보가 더 많이 흡수된다. 그러나 경계에서 반사되는 가짜 파(Spurious Waves)가 발생할 수 있다는 단점이 있다. 완충 구역의 의미를 이해하기 위해 이류방정식 $\frac{\partial u}{\partial t} + c\frac{\partial u}{\partial x} = 0$에 $K(u-\bar{u})$를 추가 적용하면 지역 모델의 경계에서 이류방정식은

$$\frac{\partial u}{\partial t} + c\frac{\partial u}{\partial x} = K(u-\bar{u}) \tag{6.10}$$

이 된다. 경계조건 $\bar{u}$의 이류효과는 $\bar{u}$가 완전하므로

$$\frac{\partial \bar{u}}{\partial t} + c\frac{\partial \bar{u}}{\partial x} = 0 \tag{6.11}$$

이 된다. $u - \bar{u} = u'$을 오차라고 정의하면 식 (6.10)은

$$\frac{\partial u'}{\partial t} + c\frac{\partial u'}{\partial x} = Ku' \tag{6.12}$$

이 된다. 식 (6.12)는 오차 u'의 이류가 경계에서 확산계수 K효과에 의해 감쇠되는 의미를 잘 보여 준다.

경계에서 유출의 오차를 완화하기 위해 방정식 정보의 시간 변화율을 경계 내부 정보의 시간 변화율과 경계 외부 정보의 시간 변화율 사이의 조합으로 구성하는 방법이 있다. 즉, 방정식계의 변수의 시간 변화율을

$$(\frac{\partial}{\partial t}) = \alpha(\frac{\partial}{\partial t})_I + (1-\alpha)(\frac{\partial}{\alpha t})_O \tag{6.13}$$

와 같이 표현한다. 식 (6.13)의 α는 경계 내부와 외부의 값들을 조합하여 결정하는 임의의 값이다. 또 $(\frac{\partial}{\partial t})_I$는 경계 안 수치모델 종속변수의 시간 변화율을 의미하고, $(\frac{\partial}{\partial t})_O$는 경계에서 또는 경계 밖의 다른 수치모델 종속변수의 시간 변화율을 의미한다. 이 방법은 수치모델을 적분할 때 경계 내부와 외부 사이에서 변수 자체의 직접적 차이보다는 변수들의 시간 변화율 차이가 오차를 줄이는 데 효과가 있다는 것이다.

이류방정식의 유한차분 방정식을 사용하여 경계에서 이류효과를 높이는 경계 복사조건(Radiation Condition)은 좀 더 복잡한 이류효과가 있는 특성법을 적용한다. 경계 복사조건은 $\frac{\partial u}{\partial t} + c\frac{\partial u}{\partial x} = 0$에서 위상속도 $c = -\frac{\partial u}{\partial t}/\frac{\partial u}{\partial x}$를 구하는 방법이다. 여기서 $c(>0)$를 구하기 위해 시간은 중앙 차분 근사를, 공간은 상향류 차분 근사를 사용하고 암시적 유한차분 근사를 사용하면 안정도 조건을 항상 만족한다. 경계 밖의 격자점 $u_{i-1}, u_{i-2}, \cdots$ 을 사용하는 이류방정식의 유한차분 방정식은

$$\frac{u_{i-1}^{n} - u_{i-1}^{n-2}}{2\triangle t} = -c\frac{\frac{1}{2}(u_{i-1}^{n} + u_{i-1}^{n-2}) - u_{i-2}^{n-1}}{\triangle x} \tag{6.14}$$

이다. 식 (6.14)의 $\frac{1}{2}(u_{i-1}^{n}+u_{i-1}^{n-2})$는 격자점 $(i-1)$에서 시간 값 u_{i-1}^{n-1}을 u_{i-1}^{n}과 u_{i-1}^{n-2}의 평균한 값을 사용하는 방법이다. 식 (6.14)를 사용하여 위상속도 c를 계산하고 이 c를 사용하여 경계 내에서 시공간 한 스텝씩을 전진 계산하면 식 (6.14)는

$$\frac{u_i^{n+1}-u_i^{n-1}}{2\triangle t}=-c\frac{\frac{1}{2}(u_i^{n+1}+u_i^{n-1})-u_{i-1}^{n}}{\triangle x} \tag{6.15}$$

이다. 식 (6.15)는 경계 외부에서 경계 내부로 이동하는 위상속도 c를 구한 것이다. 다시 말하면 식 (6.15)는 식 (6.14)에서 구한 c를 사용하여 경계 내에서 전진 적분을 수행하는 것이다. 식 (6.14)와 식 (6.15)를 함께 정리하면

$$u_i^{n+1}=[(1-\frac{c\triangle t}{\triangle x})(1+\frac{c\triangle t}{\triangle x})]\,u_i^{n-1}+[2\frac{c\triangle t}{\triangle x}(1+\frac{c\triangle t}{\triangle x})]\,u_{i-1}^{n} \tag{6.16}$$

이 된다. 식 (6.16)은 우선 $0\le\frac{c\triangle t}{\triangle x}\le 1$의 안정도 조건을 만족해야 하고, 점 i에서 다음 시간 u_i^{n+1}은 이전 시간의 점 i의 변수 u_i^{n-1}과 현재 시간 점 $(i-1)$의 변수 u_{i-1}^{n}을 조합하여 경계에서 이동한 것이다(그림 6.10 참조). 따라서 경계의 복사조건에서 선형 이류 관계인 $\frac{c\triangle t}{\triangle x}$가 주요 인자가 된다.

연습문제

1) 구면 격자 시스템에서 위도/경도 격자 시스템을 사용하는 경우 극점에서 특이점이 발생하는 문제(Pole Problem)가 나타난다. 이를 해소할 방법을 설명하시오.

2) Arakawa 5개 형 엇갈림 격자 시스템의 장단점을 각각 설명하시오.

3) σ-좌표계($\sigma \equiv \dfrac{p}{p_s}$)의 연속방정식 $\dfrac{d}{dt}(\ln p_s) + \nabla_\sigma \cdot \vec{V} + \dfrac{\partial \dot{\sigma}}{\partial \sigma} = 0$을 유도하시오. p_s는 지상기압이고, 연산자 $\nabla_\sigma = \vec{i}\dfrac{\partial}{\partial x}|_\sigma + \vec{j}\dfrac{\partial}{\partial y}|_\sigma$이고, $\dot{\sigma} \equiv \dfrac{d\sigma}{dt}$는 연직성분 속도다.

4) 식 (6.8)에서 z-좌표계와 σ-좌표계의 연속방정식 간에 역학적 차이점을 해석하시오.

5) 최근 대기 수치모델에서 연직 좌표계로서 혼합 좌표계를 많이 사용한다. 혼합 좌표계를 사용할 경우의 장점을 설명하시오.

6) 식 (6.3)은 1차원 이류방정식의 유한차분 방정식을 분석한 위상속도에 대한 수치해와 해석해 사이 비율이 $\dfrac{c_F}{c} = \sin^{-1}[(\dfrac{c\Delta t}{\Delta x})\sin(\mu\Delta x)]/(c\mu\Delta t)$이다. 위상속도($c$)가 일정한데 격자 간격($\Delta x$)이 달라져서 $\dfrac{c\Delta t}{\Delta x} = \dfrac{1}{4}$, $\dfrac{3}{4}$인 경우, $N = 16$과 $N = 4$에 대해 해석해와 수치해의 비율($\dfrac{c_F}{c}$)을 구하시오(그림 5.3 참조).

7) 이류방정식 $\dfrac{\partial u}{\partial t} + c\dfrac{\partial u}{\partial x} = 0$에서 경계 복사조건을 적용하기 위해 경계 밖의 점 $(u_{i-1}, u_{i-2}, \cdots)$을 사용하여 이류방정식 $\dfrac{\partial u}{\partial t} + c\dfrac{\partial u}{\partial x} = 0$의 유한차분 방정식을

표현하면

$$\frac{u_{i-1}^{n} - u_{i-1}^{n-2}}{2\Delta t} = -c\frac{\frac{1}{2}(u_{i-1}^{n} + u_{i-1}^{n-2}) - u_{i-2}^{n-1}}{\Delta x}$$

$$\frac{u_{i}^{n+1} - u_{i}^{n-1}}{2\Delta t} = -c\frac{\frac{1}{2}(u_{i}^{n+1} + u_{i}^{n-1}) - u_{i-1}^{n}}{\Delta x}$$

이라고 쓸 수 있다. 이 식들로부터 경계 내부에서 이류방정식이

$$u_i^{n+1} = [(1-\frac{c\Delta t}{\Delta x})(1+\frac{c\Delta t}{\Delta x})]\,u_i^{n-1} + [2\frac{c\Delta t}{\Delta x}(1+\frac{c\Delta t}{\Delta x})]\,u_{i-1}^{n}$$

이 됨을 보이시오(그림 6.10 참조).

제7장

스펙트럼법과 유한요소법

제1절 | 갤러킨 방법의 개요

함수의 미분을 디지털 방식으로 계산하는 유한차분법은 미분을 Taylor 급수를 사용하여 근사한다. 이에 비해 갤러킨(Galerkin) 방법에 속하는 스펙트럼법과 유한요소법은 함수의 종속변수를 알려진 공간 구조함수(Space Structure Function)의 성분들의 합 또는 유한한 공간 함수로 표현하는 방법이다. 대기과학에서 사용하는 공간 구조함수는 직교성(Orthogonality)과 정상성(Normality)을 갖는 연속 함수(Continuous Function), 구간 연속 함수(Piecewise Continuous Function), 국지 모드(Local Mode) 등이 있다. 또 지역적 특성을 표현하기 위해 국지 함수(Local Function)를 사용하기도 한다. 이러한 함수를 갤러킨 방법의 기본함수(Basic Function)라고 한다.

간단한 공간 구조함수를 사용하여 스펙트럼법과 기본함수의 수학적 개념을 설명한다. 이를 위해 1차 미분방정식 $\frac{\partial u}{\partial x} = f(x)$에 스펙트럼법을 적용하여 수치해를 구하고자 한다. 함수 $u(x)$에 직교 정상(Orthonormality)의 성질을 가진 기본함수 $\phi(x)$를 적용하여 표현하면, $u(x)$는

$$u(x) = \sum_{j}^{\infty} u_j \phi(x)_j, \ \ j = 1, 2, \cdots, \infty$$

$$u(x) \approx \sum_{j}^{N} u_j \phi(x)_j, \ \ j = 1, 2, \cdots, N \tag{7.1}$$

이라고 쓸 수 있다. 식 (7.1)의 $\phi(x)_j$는 직교성이 있는 기본함수이며, u_j는 $\phi(x)_j$의 계수이고 변환함수(Transform Function)라고 한다. 식 (7.1)에서 j는 기본함수 성분 요소의 인덱스로, 이 요소들을 무한히 사용하면 첫 식에서 정확한 해를 얻을 수 있겠지만, 그것이 불가능하므로 수치해를 구하기에 적절한 개수 N개를 선택할 수밖에 없다. 성분 요소를 유한한 개수(N)만 사용하여 발생하는 오차를 갤러킨 방법의 절단 오차라 한다. 식 (7.1)의 기본함수를 1차 미분방정식 $\frac{\partial u}{\partial x} = f(x)$에 적용하면

$$e_N = \frac{\partial}{\partial x}[\sum_{j}^{N} u_j \phi(x)_j] - f(x) \neq 0 \tag{7.2}$$

이 된다. 식 (7.2)의 e_N은 N이 유한하므로 식 (7.1)을 사용하여 주어진 미분방정식을 표현할 때 발생하는 절단 오차다. 공간 구조함수인 $\phi(x)$가 직교성을 가지므로 오차 e_N도 기본함수가 포함되어 직교하는 조건이 요구된다. 이 조건은 함수 $u(x)$ 영역 전체에서 기본함수와 오차의 곱이

$$\int e_N \phi(x)_i dx = 0, \ \ i = 1, 2, \cdots, N \tag{7.3}$$

이 되게 한다. 따라서 영역 전체에서 식 (7.3)을 적용하여 식 (7.2)를 적분하면

$$\int \phi(x)_i \frac{\partial}{\partial x}[\sum_{j}^{N} u_j \phi(x)_j] dx - \int \phi(x)_i f(x) = 0, \ \ i, j = 1, 2, \cdots, N \tag{7.4}$$

이 된다. $\phi(x)_i$와 $\phi(x)_j$는 직교 관계이므로 $i \neq j$이면 $\int \phi(x)_i \phi(x)_j = 0$이고 $i = j$이면 1이다. $f(x)$는 주어진 함수이므로 u_j에 대한 식 (7.4)를 풀면 u_j를 구할 수 있다. u_j를 알면 기본함수 $\phi(x)_j$를 사용하여 식 (7.1)의 $u(x) = \sum_{j}^{N} u_j \phi(x)_j$에서 $u(x)$를 구한다.

갤러킨 방법에서 기본함수의 성분 개수 N이 작으면 오차가 증가하여 수치해의 정확도가 낮아지고, N이 크면 오차는 감소하여 수치해가 더욱 정확해질 수 있다. 반면 N이 크면 자유도가 커지므로 계산량이 증가한다. 이렇게 계산량이 증가하더라도 해에 크게 영향을 주지 않는 짧은 파장이나 빠른 진동과 같은 작은 규모의 성분을 제거하거나, 비선형 항으로 인해 계속 발생하는 작은 규모를 적절히 제거함으로써 수치해의 정확도를 높일 수 있다.

갤러킨 방법은 공간 미분이 정확하고 에너지 보존성을 가지는 특성이 있다. 따라서 갤러킨 방법은 주로 공간 미분에 적용하고, 시간의 1차 미분에는 주로 유한차분법을 적용한다. 그 이유는 시간 적분에 갤러킨 방법을 적용하면 계산이 복잡해지는데 비해 정확도 향상은 크지 않기 때문이다. 갤러킨 방법의 계산 안정성은 별도의 조건을 가지며, 일반적으로 유한차분법보다 더 엄격한 안정도 조건이 요구된다. 갤러킨 방법은 비선형 방정식에 대한 수학적 전개가 어렵고 제한된 영역의 경우에 경계조건을 적용하기 어렵다. 그러나 수학적 전개 과정을 통해 한번 얻어진 기본함수의 계수는 계속 사용할 수 있다.

구면좌표계를 사용하는 대기대순환모델, 중기예보모델, 기후모델 등의 전구모델은 보통 기본함수로 구면조화함수(Spherical Harmonic Function)를 많이 사용한다. 제2절에서는 대기과학의 전구모델에서 스펙트럼법의 기본함수를 적용한 순압와도 방정식의 구면조화함수에 대해 설명한다.

제2절 | 스펙트럼법

스펙트럼법(Spectral Method)은 갤러킨 방법의 하나로, 공간 구조함수를 기본함수로 사용하고 공간 구조함수 급수를 N개로 절단하여 발생하는 절단 오차를 줄이기 위해 최소제곱법을 적용한다. 대기과학의 방정식계는 비선형 항들을 포함하므로 스펙트럼법에서는 비선형 항들 사이의 상호작용을 모두 계산해야 한다. 상호작용 계수 방법(Interaction Coefficient Method)은 모든 비선형 항들의 상호작용을 계산하는 순전한 스펙트럼법이지만 방대한 양의 불필요한 계산이 요구된다. 반면 변환 방법(Transform Method)은 모든 비선형 항들의 상호작용을 계산하는 대신에 공간 구조함수와 격자점 사이에 보존성의 적분 공식을 적용하여 이들의 관계를 변환함으로써 계산량을 획기적으로 줄이는 방법이다. 따라서 상호작용으로 인해 많은 계산이 필요한 모든 계수를 곱하는 것을 피할 수 있으므로 전구모델에서 스펙트럼법을 사용하여 정확도를 높인다.

사인함수 시리즈를 기본함수로 사용하고 절단 오차로 인해 생긴 오차에 최소제곱법을 적용하는 스펙트럼법을 간단히 설명한다. 함수 $u(x)$는 구간 $0 \le x \le \pi$에서 경계조건 $u(0)=u(\pi)=0$을 만족하는 미분방정식

$$\frac{\partial^2 u}{\partial x^2} = f(x) \tag{7.5}$$

에 기본함수 $\phi(x)_j = \sin(jx)$, $j=1, \cdots, N$을 사용하여 스펙트럼법으로 수치해를 계산한다. $\sin(jx)$는 구간 $0 \le x \le \pi$에서 직교성을 가지며 함수 $u(x)$의 경계조건을 만족한다. 함수 $u(x)$에 기본함수를 적용하여 표현하면

$$u(x) = \sum_{j=1}^{N} u_j \sin(jx) \tag{7.6}$$

이 된다. 식 (7.6)을 식 (7.5)의 좌변에 대입하면

$$\frac{\partial^2}{\partial x^2}\left[\sum_{j=1}^{N} u_j\,\phi(x)_j\right] = \sum_{j=1}^{N} (-j^2)\,u_j\,\phi(x)_j \tag{7.7}$$

이 된다. 기본함수를 적용한 미분방정식 식 (7.5)는

$$\sum_{j=1}^{N} (-j^2)\,u_j\,\phi(x)_j - f(x) = e_N \tag{7.8}$$

이 된다. 식 (7.8)에 기본함수 $\phi(x)_i$를 곱하고 최소제곱법을 적용하면

$$\int_0^{\pi} \phi(x)_i \sum_{j=1}^{N} (-j^2)\,u_j\,\phi(x)_j\,dx - \int_0^{\pi} \phi(x)_i\, f(x)\,dx = 0 \tag{7.9}$$

이 된다. 여기서 $i = 1, 2, \cdots, N$이다. 식 (7.9)에서 오차도 기본함수와 직교하므로

$\int_0^\pi \phi(x)_i e_N \, dx = 0$이 되기 때문이다. 식 (7.9)를 정리하면

$$- \sum_1^N j^2 u_j \int_0^\pi \phi(x)_i \, \phi(x)_j \, dx = \int_0^\pi \phi(x)_i \, f(x) \, dx \tag{7.10}$$

가 된다. 이때 식 (7.10)의 왼편 적분 항에서 사인함수의 직교성에 따라

$$\int_0^\pi \phi(x)_i \, \phi(x)_j \, dx = \int_0^\pi \sin(ix) \, \sin(jx) \, dx = \frac{\pi}{2} \delta_{ij} \tag{7.11}$$

가 된다. 식 (7.11)에서 $i = j$이면 $\delta_{ij} = 1$이고, $i \neq j$이면 $\delta_{ij} = 0$이다. 따라서 $i = j$인 경우일 때 식 (7.10)은

$$u_i = - \frac{2}{i^2 \pi} \int_0^\pi \phi(x)_i \, f(x) \, dx \tag{7.12}$$

가 된다. $f(x)$는 주어진 함수이고 $\phi(x)_i$가 기본함수이므로 식 (7.12)를 계산하여 계수 u_i를 구한다. u_i를 알면 식 (7.6)으로부터 수치해 $u(x) = \sum_{j=1}^N u_j \sin(jx)$를 얻는다. 이때 해의 정확성을 고려하여 N의 크기를 결정할 수 있다. 식 (7.12)를 적분하기 쉽지 않으면 구분구적법(Measuration by Division)을 사용한다. 이 경우 식 (7.12)의 $\int_0^\pi \phi(x)_i \, f(x) dx$ 대신에 $\sum_{i=0}^\pi \phi(x)_i \, f(x)_i \, \triangle x$를 사용할 수 있다.

제3절 | 구면조화함수

식 (2.19)의 이류항을 $(- \frac{\partial \psi}{\partial y} \frac{\partial \zeta}{\partial x} + \frac{\partial \psi}{\partial x} \frac{\partial \zeta}{\partial y})$로 풀어서

$$\frac{\partial}{\partial t}(\nabla^2 \psi) + (- \frac{\partial \psi}{\partial y} \frac{\partial \zeta}{\partial x} + \frac{\partial \psi}{\partial x} \frac{\partial \zeta}{\partial y}) + \beta \frac{\partial \psi}{\partial x} = 0 \tag{7.13}$$

과 같이 표현한다. 여기서 $u = - \frac{\partial \psi}{\partial y}$, $v = \frac{\partial \psi}{\partial x}$이다. 또 구면좌표계에서 식 (7.13)은

$$\frac{\partial}{\partial t}(\nabla^2\psi) = \frac{1}{a^2}[\frac{\partial\psi}{\partial\mu}\frac{\partial}{\partial\lambda}(\nabla^2\psi) - \frac{\partial\psi}{\partial\lambda}\frac{\partial}{\partial\mu}(\nabla^2\psi)] + \frac{2\Omega}{a^2}\frac{\partial\psi}{\partial\lambda} \tag{7.14}$$

와 같이 표현된다. 여기서 a는 지구반경, μ는 $\sin\phi$, ϕ는 위도, λ는 경도, Ω는 지구 각속도다.

기본함수로 구면조화함수

$$Y_{m,n}(\mu,\lambda) = P_{m,n}(\mu)\ e^{im\lambda} \tag{7.15}$$

를 사용한다. 식 (7.15)의 $P_{m,n}$은 n급 1종 연합 르장드르 다항식(Legendre Polynomial)이고 m과 n은 각각 동서 파수와 남북 파수이며 $|m| \le n$을 만족한다. $n-|m|$은 구간 $-1 < \mu < 1$에서, 즉 극과 극 사이의 $P_{m,n}$의 마디 개수를 의미한다.

식 (7.15)의 구면조화함수는

$$\nabla^2 Y_{m,n} + bY_{m,n} = 0$$

$$\nabla^2 Y_{m,n} = -bY_{m,n} \tag{7.16}$$

의 성질이 있다. 여기서 $Y_{m,n} = Y_{m,n}(\mu,\lambda)$, $b = \dfrac{n(n+1)}{a^2}$이다. 구면조화함수는 식 (7.16)에서와 같이 $\nabla^2 Y_{m,n}$이 함수 그 자신 $Y_{m,n}$과 상수 $-b$를 곱한 값과 같다는 의미다. 즉, 구면조화함수 성분(유선 함수, ψ)을 사용하는 와도는 같은 성분의 유선 함수(ψ)에 비례한다는 것이다. 따라서 구면조화함수를 기본함수로 사용하면 $\nabla^2 Y_{m,n}$을 계산할 필요 없이 $-b\,Y_{m,n}$을 바로 사용할 수 있다. 이 성질은 대량의 계산을 요구하는 스펙트럼법의 중요한 장점이 된다. 구면조화함수의 전구 지상기압 패턴을 그림 7.1에 보인다.

스펙트럼법에서 적용한 구면조화함수의 절단은 스펙트럼 요소인 파수를 절단하므로 유한차분 근사의 절단 방법과 다르다. 식 (7.15)의 동서 파수 인덱스 m의 절단 파수를 M, 남북 파수 인덱스 n의 절단 파수를 N이라고 하면 M과 N을 절단하는 방법으로서 삼각형(Triangle) 절단과 평행사변형(Parallelogram) 절단이 있다. $n \ge |m|$을 만족하는 삼각형 절단은 $n > N$의 모든 파수를 절단하고 평행사변형 절단은 $|m| > M$ 또는 $n > |m| + M$의 모든 파수를 절단한다. $n > |m| + M$의

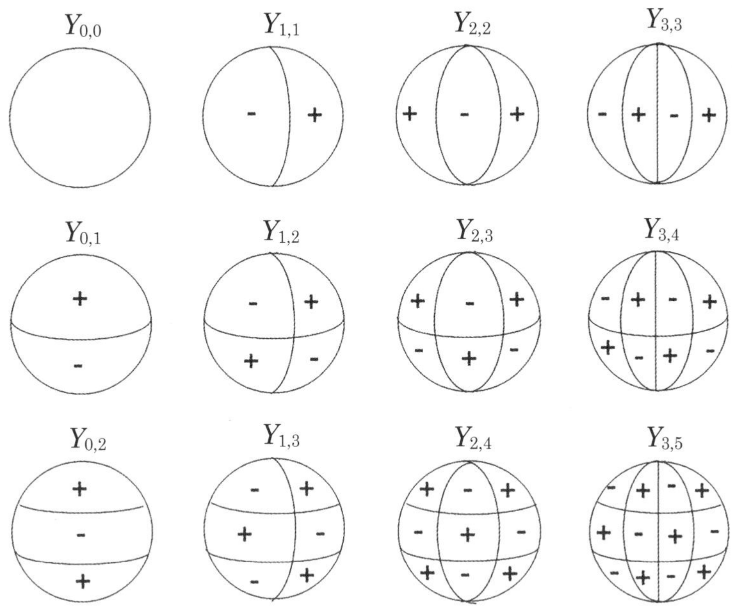

그림 7.1 구면조화함수의 전구 지상기압 패턴.
m, n, $n-|m|$을 적용하여 $Y_{m,n}(\mu,\lambda)$을 간략하게 표현한 것이다.

경우를 장사방형(Rhomboidal) 절단이라 한다. 삼각형 절단은 동서 방향 해상도와 남북 방향 해상도가 거의 동일하여 고해상도 모델에 적용하기에 적합하다. 반면 장사방형 절단은 남북 방향 해상도가 모든 동서 방향 파수와 같고 저해상도 모델에 적용하기에 적합하다. 그림 7.2는 두 절단 방법을 적용해 절단한 후에 남게 되는 파수 공간을 보여 준다.

순압 와도 방정식의 스펙트럼법은 구면 좌표에서 유선 함수(ψ)를 시간과 공간으로 분리하여 시간은 진폭, 공간은 구면조화함수로서

$$\psi(\lambda,\mu,t)=\sum_{\gamma}\psi_{\gamma}(t)\ Y_{\gamma}(\mu,\lambda) \tag{7.17}$$

라고 표현하고 구면조화함수를 유한한 시리즈로 확장한다. 각 계수 ψ_γ는 역변환 관계를 적용하여

$$\psi_{\gamma}(t)=\frac{1}{4\pi}\int Y_{\gamma}^{*}\,\psi(\lambda,\mu,t)\,dS \tag{7.18}$$

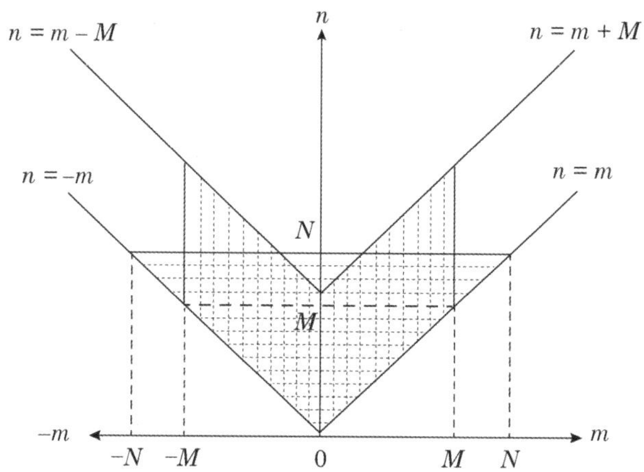

그림 7.2 스펙트럼법의 삼각형 절단과 평행사변형 절단.
M, *N*은 파수다. 삼각형 절단은 가로 점선으로 된 부분이, 그리고 평행사변형 절단은 세로 점선으로 된 부분이 절단 후 남게 되는 파수 공간이다. 이 그림에서는 평행사변형 절단이 장사방형 절단이 된다.

라고 표현한다. 여기서 $dS = d\mu\, d\lambda$이고 Y_γ^*는 Y_γ의 짝 복소수다. 구면조화함수의 파수가 증가하면 스펙트럼법에서 상호작용 계수 방법은 비선형 이류항의 계산량이 급증하여 비효율적이다. 이를 해결하기 위해 스펙트럼법의 변환 방법은 방정식을 적분하는 과정에서 구면조화함수의 파수와 위도/경도의 격자 시스템(λ_i, μ_j) 간 함수의 변환을 통해 격자 시스템 공간에서 이류항을 계산하여 계산량을 크게 줄인다. 와도 방정식 식 (7.14)의 이류항에 식 (7.17)을 넣으면 구면조화 계수가 변환된다. 즉, 식 (7.14)의 이류항이

$$A(\lambda, \mu) = \frac{\partial \psi}{\partial \mu}\frac{\partial}{\partial \lambda}(\nabla^2 \psi) - \frac{\partial \psi}{\partial \lambda}\frac{\partial}{\partial \mu}(\nabla^2 \psi) \tag{7.19}$$

라고 표현되고 식 (7.19)에 식 (7.17)을 넣으면 구면조화 계수가 변환된다. 변환된 성분 A_γ는

$$A_\gamma = \frac{1}{4\pi}\int_0^{2\pi}\int_{-1}^{+1} A(\lambda, \mu)\, Y^*\, d\lambda\, d\mu \tag{7.20}$$

이라고 표현된다. 식 (7.20)의 적분은 수치 구적법(Numerical Quadrature)을 이

용하여 A_γ를 구한다. 즉, 위도/경도의 격자 시스템(λ_i, μ_j)에서 $A(\lambda, \mu)$의 적절한 가중치들을 결합하여 이류항을 나타내게 된다.

제4절 | 유한요소법

유한요소법은 기본함수를 공간 함수의 유한한 구조로 표현하는 방법이다. 많이 사용되는 기본함수는 고깔 또는 텐트 모양의 삼각형이고, 반드시 완전한 직교 성격을 가지는 것은 아니다. 유한요소법에서는 삼각모자 모양의 '모자함수(Hat Function, Chapeau Function)'를 기본함수로 사용한다. 이 방법은 스펙트럼법과 유사하지만 유한 구간에서 함수 구조를 가지므로 비선형 항의 상호작용 계수 수가 줄어들어 자유도가 감소한다. 오차, 안정도, 수렴 등과 관련된 분석도 스펙트럼법과 같이 별도로 계산한다. 특히 유한요소법은 유한 구간에서 함수 구조를 가지므로 불규칙한 영역과 경계조건에 적용하는 데 유리하다.

앞에서 사용한 미분방정식 $\dfrac{\partial^2 u}{\partial x^2} = f(x)$의 구간 $0 \le x \le \pi$에서 경계조건 $u(0) = u(\pi) = 0$의 함수에 유한요소법을 적용한다. 텐트형의 기본함수인 모자함수 $\phi_j(x)$의 $x = j\Delta x$는 인덱스 $j = 1$인 마디점(Nodal Point)에서 최댓값 1이고, $x = (j \pm 1)\Delta x$ 구간은 선형으로 감소하여 점 $j \pm 1$에서 0이고, 이 외 지역에서도 0인 함수다.

이를 정리하면, 모자함수 $\phi_j(x)$는 구간 $x < (j-1)\Delta x$에서 0, 점 $(j-1)\Delta x$에서 0, 구간 $(j-1)\Delta x \le x \le j\Delta x$에서 $\dfrac{1}{\Delta x}[x-(j-1)]$, 점 j에서 1, 구간 $j\Delta x \le x \le (j+1)\Delta x$에서 $-\dfrac{1}{\Delta x}[x+(j+1)]$, 점 $(j+1)\Delta x$에서 0, 구간 $x > (j+1)\Delta x$에서 0이다(그림 7.3).

기본함수로서 모자함수 $\phi_j(x)$를 사용하여 함수를 $u(x) = \sum_j^N u_j \phi_j(x)$라 놓으면

$$\frac{\partial^2 u}{\partial x^2} = \frac{\partial^2}{\partial x^2}\left[\sum_{j=1}^N u_j \phi_j(x)\right] = u_j \frac{\partial^2}{\partial x^2}(\phi_j(x)) \tag{7.21}$$

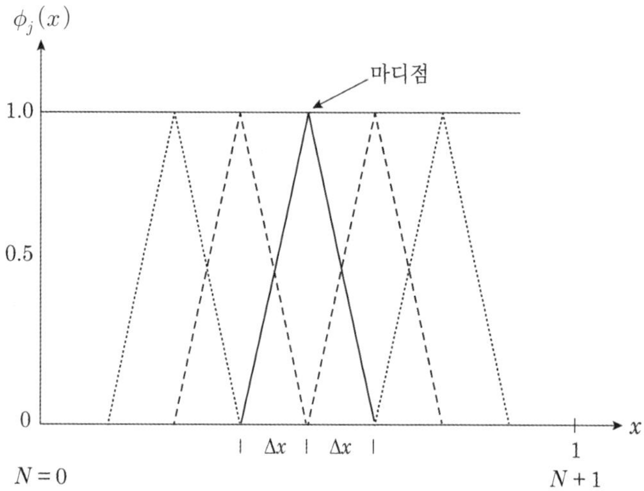

그림 7.3 모자함수 $\phi_j(x)$.
마디점(Nodal Point)의 값은 1이고 모자 양 끝은 0이다. 그 사이 양쪽에서 선형으로 감소한다.

이 된다. 여기서 $j = 1, 2, \cdots, N$ 이다. 미분방정식 $\frac{\partial^2 u}{\partial x^2} = f(x)$에 식 (7.21)을 넣고, 양변에 $\phi_i(x)$를 곱하면

$$\sum_{j=1}^{N} u_j \int_0^1 \phi_i(x) \frac{\partial^2}{\partial x^2}(\phi_j(x))\, dx = \int_0^1 \phi_i(x) f(x)\, dx \tag{7.22}$$

가 된다. 여기서 $i = 1, 2, \cdots, N$ 이다. 식 (7.22)에서 미분과 적분을 실행하면

$$\frac{1}{(\triangle x)^2}(u_{i-1} - 2u_i + u_{i+1}) = \frac{1}{6}(f_{i-1} + 4f_i + f_{i+1}) \tag{7.23}$$

을 얻는다. 여기서 $2 \le i \le N-1$이다. 2차 미분 $\frac{\partial^2 u}{\partial x^2}$에 중앙 유한차분 근사를 적용한 미분방정식 $\frac{\partial^2 u}{\partial x^2} = f(x)$의 유한차분 방정식은

$$\frac{1}{(\triangle x)^2}(u_{i-1} - 2u_i + u_{i+1}) = f_i \tag{7.24}$$

이다. 식 (7.23)과 식 (7.24)를 비교하면 유한차분법에서는 점 i에서 하나의 값

f_i를 사용하는 반면, 유한요소법에서는 점 i에서 주변 두 점과 함께 세 점을 가중평균한 값 $\frac{1}{6}(f_{i-1}+4f_i+f_{i+1})$을 사용하므로 완화된 값이다.

한편, 이류방정식 $\frac{\partial u}{\partial t}+c\frac{\partial u}{\partial x}=0$에 유한요소법을 적용하고 모자함수를 기본함수로 사용하면 함수

$$u(x)=\sum_{j=1}^{N}u_j\phi_j(x) \tag{7.25}$$

가 되고, 공간 미분은

$$\frac{\partial u}{\partial x}=\sum_{j=1}^{N}u_j\frac{\partial\phi_j(x)}{\partial x} \tag{7.26}$$

가 된다. 식 (7.25)와 식 (7.26)을 이류방정식에 적용하면,

$$\int_{j-1}^{j+1}\phi_j(x)\frac{\partial u_j}{\partial t}dx+c\int_{j-1}^{j+1}u_j\frac{\partial\phi_j(x)}{\partial x}dx=0 \tag{7.27}$$

이 된다. 오차를 최소화하기 위해 식 (7.27)의 양변에 기본함수 $\phi_i(x)$를 곱하면

$$\phi_i(x)\times\left[\int_{j-1}^{j+1}\phi_j(x)\frac{\partial u_j}{\partial t}dx+c\int_{j-1}^{j+1}u_j\frac{\partial\phi_j(x)}{\partial x}dx=0\right] \tag{7.28}$$

이 된다. 식 (7.28)의 주어진 함수와 기본함수를 공간에 대해 적분하고, 공간 미분을 중앙 차분 근사하면 이류방정식은

$$\frac{1}{6}\left(\frac{\partial u_{m+1}}{\partial t}+4\frac{\partial u_m}{\partial t}+\frac{\partial u_{m-1}}{\partial t}\right)+c\frac{u_{m+1}-u_{m-1}}{2\triangle x}=0 \tag{7.29}$$

이 된다. 유한요소법을 적용한 식 (7.29)는 식 (7.23)과 같이 시간 변화 $\frac{\partial u}{\partial t}$는 세 점의 가중평균이 된다. 식 (7.29)의 시간 미분에 중앙 유한차분 근사를 적용하면

$$\frac{1}{12\Delta t}\left[(u_{m+1}^{n+1}-u_{m+1}^{n-1})+4(u_m^{n+1}-u_m^{n-1})+(u_{m-1}^{n+1}-u_{m-1}^{n-1})\right]$$

$$+\frac{c}{2\Delta x}(u_{m+1}^{n}-u_{m-1}^{n})=0 \qquad (7.30)$$

이 된다. 식 (7.30)의 안정도 조건은 $|\frac{c\Delta t}{\Delta x}| \leq \frac{1}{\sqrt{3}}$ 이다. 유한차분 근사의 등넘기 방안의 안정도 조건 $|\frac{c\Delta t}{\Delta x}| \leq 1$보다 유한요소법의 안정도 조건이 더 제약된다. 같은 Δx를 사용하는 경우 유한요소법은 유한차분법보다 더 짧은 Δt를 사용해야 한다는 의미다.

| 예제 |

유한차분법과 갤러킨 방법의 비교

구간 $0 \leq x \leq 1$에서 경계조건 $u(0)=u(1)=0$을 만족하는 함수 $u(x)$의 미분방정식 $\frac{\partial^2 u}{\partial x^2}=f(x)$, $f(x)=-48x+16$을 유한차분법, 스펙트럼법, 유한요소법으로 각각 수치해를 구하라.

$a)$ 유한차분법은 $\frac{\partial^2 u}{\partial x^2}$를 2승 차수 정확도의 중앙 차분 근사를 사용한다.
$b)$ 스펙트럼법은 사인함수를 기본함수로 사용하고 시리즈 개수 $N=3$까지만 적용한다.
$c)$ 유한요소법은 기본함수로 모자함수를 사용한다.

구간 $0 \leq x \leq 1$의 3개 점 $x_1=\frac{1}{4}$, $x_2=\frac{1}{2}$, $x_3=\frac{3}{4}$에서 수치해(u_1, u_2, u_3)의 값을 구한다.

| 예제 풀이 |

a) 구간을 4개로 나누므로 $\triangle x = \dfrac{1}{4} = 0.25$이고, $\dfrac{\partial^2 u}{\partial x^2} = f(x)$의 중앙 유한차분 방정식은

$$\frac{u_{i+1} - 2u_i + u_{i-1}}{(\triangle x)^2} = f_i = -48x_i + 16 \tag{1}$$

이다. 식 (1)을 정리하면

$$u_{i+1} - 2u_i + u_{i-1} = -3x_i + 1 \tag{2}$$

이 된다. i는 x-축 인덱스다. 식 (2)에 경계조건을 적용하여 정리하면 연립방정식

$$\begin{bmatrix} -2 & 1 & 0 \\ 1 & -2 & 1 \\ 0 & 1 & -2 \end{bmatrix} \begin{bmatrix} u_1 \\ u_2 \\ u_3 \end{bmatrix} = \begin{bmatrix} 0.25 \\ -0.50 \\ -1.25 \end{bmatrix} \tag{3}$$

이 된다. 식 (3)의 해는 $u_1 = 0.375, u_2 = 1.000, u_3 = 1.125$이다.

b) 기본함수 $\phi_n(x) = A_n \sin(n\pi x)$를 적용하면 주어진 방정식은

$$u(x) = \sum_{n=1}^{N} A_n \sin(n\pi x) \tag{4}$$

이고, 그 2차 미분은

$$\frac{\partial^2 u}{\partial x^2} = -\pi^2 \sum_{n=1}^{N} n^2 A_n \sin(n\pi x) \tag{5}$$

이다. 식 (5)에 $N=3$을 적용하면 주어진 방정식은

$$\sum_{n=1}^{3} A_n \pi^2 n^2 \int_0^1 \sin^2(n\pi x)\,dx = \sum_{n=1}^{3} \int_0^1 (48x - 16)\sin(n\pi x)\,dx \tag{6}$$

가 된다. 식 (6)을 적분하면 n이 홀수일 때 $A_n = \dfrac{32}{\pi^3 n^3}$이고, n이 짝수일 때 $A_n = \dfrac{-96}{\pi^3 n^3}$이다. $n=1,2,3$에 대해 $A_1 = 1.032$, $A_2 = -0.387$, $A_3 = 0.038$이 된다. A_1, A_2, A_3를 식 (4)에 넣으면 해는 $u_1 = 0.370$, $u_2 = 0.994$, $u_3 = 1.144$이다.

$c)$ 모자함수 $\phi_i(x)$를 적용하면 함수 $u(x) = \sum_{i=1}^{N} A_i \phi_i(x)$이다. 구간 $0 \le x \le 1$에서 모자함수 $\phi_i(x)$를 주어진 방정식의 양변에 곱하면

$$\int_0^1 \phi_i(x) \frac{\partial^2 u}{\partial x^2} dx = \int_0^1 \phi_i(x) f(x) dx \tag{7}$$

가 되고 식 (7)을 부분 적분하면

$$\phi_i(x) \frac{\partial u}{\partial x}\Big|_0^1 - \int_0^1 \frac{\partial \phi_i}{\partial x} \frac{\partial u}{\partial x} dx = \int_0^1 \phi_i(x) f(x) dx \tag{8}$$

가 된다. 식 (8)의 첫째 항은 경계조건에 따라 0이 되어

$$-\int_0^1 \frac{\partial \phi_i}{\partial x} \frac{\partial u}{\partial x} dx = \int_0^1 \phi_i(x) f(x) dx \tag{9}$$

가 된다. 한편, 모자함수는 마디점 i에서 $\phi_i(x) = 1$이고, 점 $(i \mp 1)$에서 $\phi_i(x) = 0$이다. 또 구간 $x < (n-1)\Delta x$에서 $\phi_i(x) = 0$과 $\dfrac{\partial \phi_i(x)}{\partial x} = 0$이고, 구간 $(i-1)\Delta x \le x \le i\Delta x$에서 $\phi_i(x) = \dfrac{1}{\Delta x}[x - (i-1)]$과 $\dfrac{\partial \phi_i(x)}{\partial x} = \dfrac{1}{\Delta x}$이고, 구간 $i\Delta x \le x \le (i+1)\Delta x$에서 $\phi_i(x) = -\dfrac{1}{\Delta x}[x + (i+1)]$과 $\dfrac{\partial \phi_i(x)}{\partial x} = -\dfrac{1}{\Delta x}$이고, 구간 $x > (i+1)\Delta x$에서 $\phi_i(x) = 0$과 $\dfrac{\partial \phi_i(x)}{\partial x} = 0$이다. 식 (9)에 $u(x) = \sum_{i=1}^{N} A_i \phi_i(x)$를 대입하면

$$-A_{i-1}\int_{(i-1)\Delta x}^{i\Delta x}\frac{\partial\phi_i}{\partial x}\frac{\partial u_{i-1}}{\partial x}dx-A_i\int_{(i-1)\Delta x}^{(i+1)\Delta x}\frac{\partial\phi_i}{\partial x}\frac{\partial u_i}{\partial x}dx$$

$$-A_{i+1}\int_{i\Delta x}^{(i+1)\Delta x}\frac{\partial\phi_i}{\partial x}\frac{\partial u_{i+1}}{\partial x}dx=\int_{(i-1)\Delta x}^{(i+1)\Delta x}\frac{\partial\phi_i}{\partial x}f(x)dx \tag{10}$$

가 되고, 적분하여 A_1, A_2, A_3를 구한다. $u(x)=\sum_{i=1}^{3}A_i\phi_i(x)$에서 해를 구한다.

다른 방법은 간단히 본문 식 (7.23)을 적용하여 정리하면,

$$u_{i+1}-2u_i+u_{i-1}=\frac{1}{16}\left(\frac{f_{i+1}+4f_i+f_{i-1}}{6}\right) \tag{11}$$

이 된다. $f=-48x+16$은 모자함수의 마디점 $x_1=\frac{1}{4}, x_2=\frac{1}{2}, x_3=\frac{3}{4}$에서 각각 $f=4, -8, -20$이 되므로 이를 식 (11)에 적용하면

$$-2u_1+u_2=\frac{1}{16}\left(\frac{-8+4(4)+16}{6}\right)=\frac{1}{4}$$

$$u_1-2u_2+u_3=\frac{1}{16}\left(\frac{-20+4(-8)+4}{6}\right)=-\frac{1}{2}$$

$$u_2-2u_3=\frac{1}{16}\left(\frac{-32+4(-20)-8}{6}\right)=-\frac{5}{4} \tag{12}$$

가 된다. 식 (12)를 정리하면

$$\begin{bmatrix}-2 & 1 & 0\\ 1 & -2 & 1\\ 0 & 1 & -2\end{bmatrix}\begin{bmatrix}u_1\\ u_2\\ u_3\end{bmatrix}=\begin{bmatrix}0.25\\ -0.50\\ -1.25\end{bmatrix}$$

이고, $u_1=0.375, u_2=1.000, u_3=1.125$ 이다.

스펙트럼법의 해는 N을 4 이상으로 증가시키면 해석해에 접근한다. 함수 $u(x)$는 $u(x) = -8x^3 + 8x^2$이다.

연습문제

1) $\dfrac{\partial^2 u}{\partial x^2} = f(x)$의 해를 스펙트럼법으로 구하고자 한다.
기본함수 $\phi_j(x) = \sin(jx), j = 1, \cdots, N$을 적용하면 $u(x) = \sum_{j=1}^{N} u_j \phi_j(x)$가 된다.

$$u_j = -\frac{2}{j^2 \pi} \int_0^{\pi} \phi_j(x) f(x) dx$$

를 증명하시오.

2) 영역 $0 \leq x \leq 32$에서 주기적 경계조건을 만족하는 함수 $u(x,t)$의 선형 이류 방정식 $\dfrac{\partial u}{\partial t} = -c\dfrac{\partial u}{\partial x}$는 아래 그림과 같은 초기조건을 가진다. $c = 1$, $\triangle t = 0.8$, $\triangle x = 1$을 적용하면 32개의 격자 간격으로 구성된다.

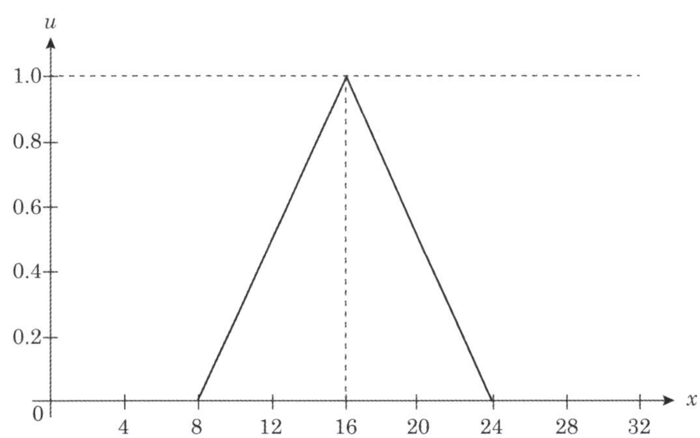

$a)$ $t = 32$(40시간 스텝)에서의 해석해를 구하시오.

$b)$ 유한차분법은 공간을 2승 차수 오차 정확도의 중앙 차분 근사를 사용하고, 유

한요소법은 텐트형의 모자함수를 사용하며, 스펙트럼법은 16개 조화 요소의 기본함수

$$u(x,t) = C_0(t) + \sum_{n=1}^{16} [S_n(t)\sin(\frac{2\pi}{32}nx) + C_n(t)\cos(\frac{2\pi}{32}nx)]$$

를 사용한다. 시간은 세 방법 모두 중앙 차분 근사를 사용한다. 세 방법의 수치 방법을 각각 표현하시오. 세 방법의 첫 시간 스텝은 전방 차분법을 사용하고 그 다음 스텝부터 중앙 차분을 사용하여 각각 시간 $t = 32$까지 적분하고 해석해와 비교하시오.

c) 영역의 총에너지 $TE = \int_0^{32} \frac{u^2}{2} dx$를 사용하여 각 방법의 총에너지를 계산하고 서로 비교하시오.

3) 모자함수 $\phi_j(x)$를 기본함수로 하여(본문 그림 7.3 참조), $u(x) = \sum_{j=1}^{N} u_j \phi_j(x)$를 미분방정식 $\frac{\partial^2 u}{\partial x^2} = f(x)$에 적용하면

$$\sum_{j=1}^{N} u_j \int_0^1 \phi_i(x) \frac{\partial^2}{\partial x^2}(\phi_j(x))dx = \int_0^1 \phi_i(x) f(x) dx$$

가 된다. 이것을 적분하면

$$\frac{1}{(\triangle x)^2}(u_{i-1} - 2u_i + u_{i+1}) = \frac{1}{6}(f_{i-1} + 4f_i + f_{i+1})$$

이 됨을 증명하시오. 여기서 $2 \le i \le N-1$이다.

4) 이류방정식 $\frac{\partial u}{\partial t} + c\frac{\partial u}{\partial x} = 0$에 유한요소법의 기본함수로 모자함수(본문 그림 7.3 참조) $u(x) = \sum_{j=1}^{N} u_j \phi_j(x)$를 적용하면 공간 미분은 $\frac{\partial u(x)}{\partial x} = u_j \frac{\partial \phi_j(x)}{\partial x}$가 되고 이류방정식은

$$\int_{j-1}^{j+1} \phi_j(x) \frac{\partial u_j}{\partial t} dx + c\int_{j-1}^{j+1} u_j \frac{\partial \phi_j(x)}{\partial x} dx = 0$$

이 된다. 유한요소법을 사용한 이류방정식의 중앙 차분 근사는

$$\frac{1}{6}\left(\frac{\partial u_{m+1}}{\partial t}+4\frac{\partial u_m}{\partial t}+\frac{\partial u_{m-1}}{\partial t}\right)+c\frac{u_{m+1}-u_{m-1}}{2\triangle x}=0$$

이 됨을 유도하시오.

5) 구면좌표계를 사용하는 전구모델은 보통 기본함수로 구면조화함수

$$Y_{m,n}(\mu,\lambda)=P_{m,n}(\mu)e^{im\lambda}$$

를 사용한다. 구면조화함수는 $\nabla^2 Y_{m,n}(\mu,\lambda)+bY_{m,n}(\mu,\lambda)=0$의 관계가 있음을 증명하시오. 여기서 $P_{m,n}$은 n급 1종 연합 르장드르 다항식이고, m과 n은 각각 동서 파수와 남북 파수이며 $|m|\le n$을 만족하고, $b=\frac{n(n+1)}{a^2}$, a는 지구 반경이다.

제8장

수치모델의 물리 과정

수치모델은 대기의 모든 운동 규모와 물리 과정을 명시적으로 해결하지 못하는 한계가 있다. 난류, 마찰, 응결, 증발, 복사 등과 같은 분자 규모의 물리 과정을 수치모델의 격자점에서 방정식으로 직접 표현하기 어렵기 때문이다. 대기를 지배하는 방정식계인 식 (2.1)~식 (2.7)에서 운동방정식의 마찰 과정(FX, FY, FZ), 열역학방정식의 열 입출 과정(Q), 수분보존방정식의 수분 생성 및 소멸 과정(M)은 격자점에서 직접 표현하기 어려운 물리 과정들이다. 이러한 과정들은 수치모델의 격자 규모에서 기압 경도력이나 코리올리 힘처럼 대기 방정식에 직접 표현하기 쉽지 않다. 예를 들면 수치모델의 격자점에서 수분보존방정식의 수분 생성, 소멸, 그리고 이와 관련된 강수 과정은 분자 규모 또는 미규모(Micro-scale) 과정이므로 격자 규모의 시공간에서 명시적으로 표현하지 못한다.

대기역학 방정식계의 수치모델 격자점에서 명시적으로 계산되지 않는 물리 과정을 아격자 규모(Sub-Grid Scale) 과정이라고 한다. 이는 분자 규모를 포함하는 아주 작은 규모의 물리 과정과 운동이며, 관련 방정식과 공식들을 적용하여 계산한다. 또한 아격자 규모 과정은 지배 방정식의 격자 규모에서 명시적인 운동과 여러 물리 과정에 영향을 끼친다. 따라서 격자 규모 과정과 아격자 규모 과정 사이의 상호작용을 표현하기 위해 아격자 규모로 발생하는 현상을 대규모 과정의 변수를 사용하여 매개 변수화 또는 모수화(Parameterization) 방법을 통해 처리한다. 그림 8.1은 수

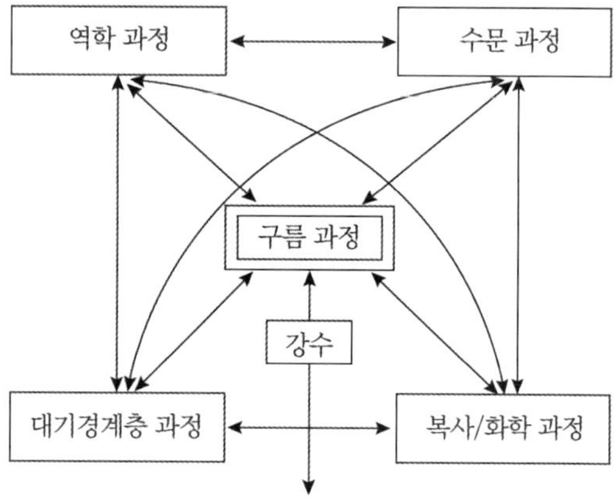

그림 8.1 강수의 경우 격자 규모와 아격자 규모 물리 과정 사이의 관계. 각 과정들 내에서도 아격자 과정이 존재한다.

치모델에서 강수의 경우, 격자 규모와 아격자 규모 사이에 상호작용하는 물리 과정들의 관계성을 보여 준다.

수치모델의 역학계 운동은 대부분 격자 규모에서 해석할 수 있다. 주요한 물리 과정인 대기경계층 과정, 수문 과정, 복사 및 화학 과정은 격자 규모에서 명시적으로 풀기 어렵기 때문에 주로 모수화를 통해 해결해야 하는 수치모델의 핵심 과정 중 하나다. 이 물리 과정을 모수화를 통해 처리하지 않고 격자 규모에서 명시적으로 해결한다고 하더라도, 아격자 규모의 명시적 표현 방법은 아주 복잡하고, 서로 다른 격자 규모 사이의 관계를 조절해야 하는 복잡한 처리 과정과 실제 발생할 수 있는 계산을 고려하면 그리 간단하지 않다. 그러므로 열 및 에너지 수송, 장파 및 복사 평형, 대류 조절, 비단열 과정 등을 아격자 규모로 모수화하여 표현하면 수치모델은 실제 대기의 현상을 상당 수준으로 재현할 수 있다.

이 장에서는 수치모델 내의 대기경계층 물리, 수문 물리, 복사 물리 과정의 기본적인 원리를 간단히 소개한다.

제1절 | 대기경계층 물리 과정

1) 레이놀즈 공식

대기경계층(Atmospheric Boundary Layer)은 대기와 지면 사이 약 $1km$ 두께의 층으로서, 대기와 지표면(해면 포함) 사이에 상호작용이 직접 발생한다. 대기경계층 위의 자유 대기에서는 열, 수분, 운동량이 연직성분 속도, 적운 대류, 중력파 등에 의해 주로 수송되지만, 대기경계층 내에서는 주로 소규모 난류 및 대류 플럭스(Flux 또는 속)가 그와 같은 역할을 한다. 그러므로 수치모델은 지표면 근처에 연직 좌표의 층수를 적절히 설정하여 변수들을 명시적으로 계산하거나, 소규모의 난류 플럭스뿐만 아니라 대기경계층 전체를 하나의 연직층 구조로 설정하여 모수화한다. 전자는 계산량이 너무 크기 때문에 레이놀즈 공식 또는 규칙을 사용하여 플럭스로 표현하고, 후자는 대기경계층 전체를 하나의 용적(Bulk) 또는 연직층으로 표현하여 그 위의 자유 대기층에 직접 수송하도록 대기경계층 내의 복잡한 과정을 단순하게 처리한다.

레이놀즈 공식은 시공간의 대기 변수(u, v, w, ρ, T, p, q)를 한 격자 내에서 공간 평균한 격자 규모와 그 평균된 격자 규모로부터의 편차인 아격자 규모로 구분한다. 따라서 아격자 규모는 격자 규모에 비해 아주 작은 규모라고 가정한다. 대기 방정식계에서는 공간 평균한 격자 규모의 변수 상단에 바(−)를 붙여 사용하고 아격자 규모의 변수에는 프라임(′)을 붙여 표현한다(그림 8.2). 따라서 필요한 경우 대기 방정식계 식 (2.1)~식 (2.8)의 대기 변수는 레이놀즈 공식을 따라 각각

$$\begin{aligned} &u = \overline{u} + u',\ v = \overline{v} + v',\ w = \overline{w} + w',\ \rho = \overline{\rho} + \rho',\ T = \overline{T} + T', \\ &p = \overline{p} + p',\ q = \overline{q} + q' \end{aligned} \tag{8.1}$$

이라고 표현한다.

동서 성분 바람 u와 수분 q에 레이놀즈 공식을 적용한 예를 설명한다. 레이놀즈 공식의 정의에 따라 변수의 편차를 격자 내에서 평균하면 0이므로 $\overline{q'}=0$과 $\overline{u'\overline{q}}=0$

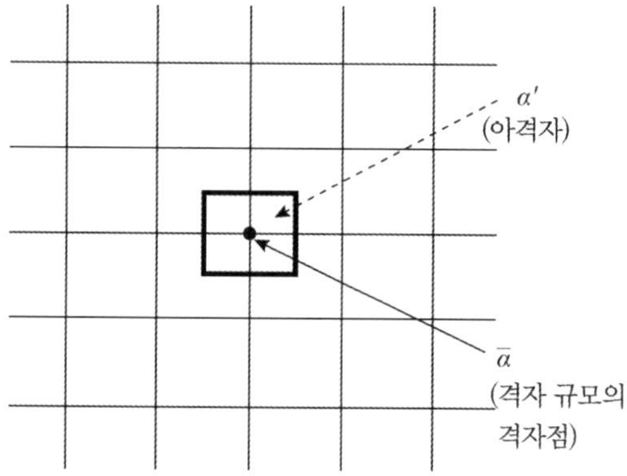

그림 8.2 격자 규모와 아격자 규모의 관계.
격자 시스템의 격자점(•)에서 대기 변수 α는 아격자 규모(굵은 사각형)의 공간 평균 $\bar{\alpha}$와 아격자 규모의 α'을 합한 것이다.

이다. 격자 규모의 변수를 평균한 변수가 격자 내에서 평균해도 바뀌지 않으므로 $\overline{\bar{u}\,\bar{q}} = \overline{uq}$이다. 식 (2.6)의 수분보존방정식을 단위부피당 수분 ρq로 표현하면

$$\frac{\partial \rho q}{\partial t} = -\frac{\partial \rho u q}{\partial x} - \frac{\partial \rho v q}{\partial y} - \frac{\partial \rho w q}{\partial z} + \rho E - \rho C \tag{8.2}$$

가 된다. 식 (8.2)의 E와 C는 각각 수분의 증발과 응결을 나타낸다.

식 (8.2)에 레이놀즈 공식과 정의를 적용하면, 즉 식 (8.2)에 $u = \bar{u} + u'$과 $q = \bar{q} + q'$을 적용하면,

$$\frac{\partial \rho \bar{q}}{\partial t} = -\frac{\partial \rho \overline{uq}}{\partial x} - \frac{\partial \rho \overline{vq}}{\partial y} - \frac{\partial \rho \overline{wq}}{\partial z} - \frac{\partial \rho \overline{u'q'}}{\partial x} - \frac{\partial \rho \overline{v'q'}}{\partial y} - \frac{\partial \rho \overline{w'q'}}{\partial z} + \rho E - \rho C \tag{8.3}$$

가 된다. 식 (8.3)의 오른편 처음 세 항은 격자 규모의 수분 수송이고, 그다음 세 항은 변수들의 공분산으로서 각각 세 방향(x, y, z)의 난류에 의한 수분 수송 또는 수분 에디 플럭스 발산이다. ρE는 증발에 의한 수분 증가를, $-\rho C$는 응결에 의한 수분 감소를 의미한다. 식 (8.3)은 격자 규모 수분의 시간 변화율이 격자 규모 수분 수송, 난류에 의한 수분 수송, 증발, 응결로 표현된다는 것을 의미한다.

식 (2.1)의 동서 방향 운동방정식에 레이놀즈 공식과 정의를 적용하면,

$$\frac{\partial \bar{u}}{\partial t} = -\frac{\partial \overline{uu}}{\partial x} - \frac{\partial \overline{vu}}{\partial y} - \frac{\partial \overline{wu}}{\partial z} - \frac{1}{\rho}\frac{\partial \rho \overline{u'u'}}{\partial x} - \frac{1}{\rho}\frac{\partial \rho \overline{v'u'}}{\partial y}$$

$$-\frac{1}{\rho}\frac{\partial\rho\overline{w'u'}}{\partial z}-\frac{1}{\rho}\frac{\partial\bar{p}}{\partial x}+f\bar{v}+\tau_x \tag{8.4}$$

가 된다. 식 (8.4)의 오른편 처음 세 항은 격자 규모의 동서성분 운동량 수송이고 그 다음 세 항은 각각 세 방향의 난류에 의한 동서성분 운동량의 수송 또는 동서성분 운동량의 에디 플럭스 발산이다. 고도 좌표계에서 전체 에디 스트레스($\vec{\tau}$)와 동서성분의 에디 스트레스($\vec{\tau}_x$)를 운동량 에디 플럭스 발산에 적용하면, $\vec{\tau}=\vec{i}\tau_x+\vec{j}\tau_y+\vec{k}\tau_z$ 그리고 $\tau_x=\tau_{xx}+\tau_{yx}+\tau_{zx}$이다. 따라서 식 (8.4)에서 τ_x는

$$\tau_{xx}=-\frac{1}{\rho}\frac{\partial}{\partial x}(\rho\overline{u'u'}),\ \tau_{yx}=-\frac{1}{\rho}\frac{\partial}{\partial y}\rho\overline{v'u'},\ \tau_{zx}=-\frac{1}{\rho}\frac{\partial}{\partial z}\rho\overline{w'u'} \tag{8.5}$$

가 된다. 식 (2.2)와 식 (2.3)에도 비슷하게 적용할 수 있다.

2) 연직성분 플럭스

대기경계층을 하나의 층으로 표현하는 방법이 용적 방법(Bulk Method)이다. 경계층 내 전체의 총운동량, 총현열, 총수분, 총잠열의 연직성분 플럭스는 각각

$$\tau_{zx}=\rho\overline{w'u'},\ \tau_{zy}=\rho\overline{w'v'},$$

$$H_s=\rho c_p\overline{w'T'}\ \ (\text{또는 } H_s=\rho c_p\overline{w'\theta'}),$$

$$E_w=\rho\overline{w'q'},$$

$$H_v=\rho L_v\overline{w'q'} \tag{8.6}$$

이라고 표현된다. 여기서 c_p는 정적 비열, L_v는 기화잠열이다. 대기경계층 내의 운동량, 열, 수분의 연직성분 플럭스는 각각 수평성분 플럭스보다 아주 크다. 따라서 수평성분 플럭스는 대체로 무시된다. 식 (8.6)의 경계층 내 전체 연직성분 플럭스는 대기경계층과 자유 대기 사이에서 에너지와 물질을 교환하는 역할을 한다.

경계층 내의 운동량, 열, 수분의 플럭스를 용적 공식(Bulk Formula) 또는 용적

모수화(Bulk Parameterization)의 방법으로 간단히 표현할 수 있다. 연직성분 에디 스트레스는

$$\vec{\tau}_z = \frac{1}{\rho}\frac{\partial}{\partial z}(\rho\overline{w'u'})\vec{i} + \frac{1}{\rho}\frac{\partial}{\partial z}(\rho\overline{w'v'})\vec{j} \tag{8.7}$$

라고 표현된다. 관측 결과에 따르면 지상 근처 10~100m의 지면층(Surface Layer)에서 운동량과 열 플럭스는 거의 일정하다. 지면층의 플럭스를 용적 공식으로 표현하면

$$\vec{\tau} = \rho_s C_D V_s \overrightarrow{V_s},$$
$$H_s = \rho c_p C_H V_s (T_s - T_a),$$
$$E_w = \rho C_E V_s (q_s - q_a) \tag{8.8}$$

이다. 여기서 C_D는 항력계수, C_H와 C_E는 각각 열과 수증기의 실험계수, V_s는 지상 풍속, T_s는 지상 온도, T_a는 풍력계 고도의 공기 온도, q_s는 T_s에 해당하는 포화 혼합비, q_a는 T_a에 해당하는 혼합비다.

또 K-이론을 사용하여 대기경계층에서 운동량, 열, 수분의 연직성분 에디 플럭스를 표현한다. 분자 확산과 유사한 원리로 운동량의 난류 플럭스를 표현하면 $-\rho\overline{u'w'}$와 $-\rho\overline{v'w'}$는 각각

$$-\rho\overline{u'w'} = \rho K_x \frac{\partial u}{\partial z}, \quad -\rho\overline{v'w'} = \rho K_y \frac{\partial v}{\partial z} \tag{8.9}$$

라고 표현된다. 여기서 $K_x = l^2\frac{\partial u}{\partial z}$, $K_y = l^2\frac{\partial v}{\partial z}$이며 l은 혼합길이(Mixing Length)다. K는 에디 점성계수(Eddy Viscosity Coefficient)이며 상수로 사용하기도 한다. 또 고도와 안정도의 함수를 사용하여 경험식을 통해 표현하기도 한다. 대기경계층 위의 자유 대기에서 K는 0이다.

지표면 위 약 50m 두께의 층에서는 난류 플럭스가 거의 일정하고 바람의 연직성분 구조는 연직성분 정적 안정도와 지면의 거칠기에 따라 결정된다. 이러한 중립 정적 안정도(Neutral Static Stability) 조건하에서의 혼합길이는 $l = kz$라고 나타낸

다. 여기서 k는 폰 카르만 상수(von Kármán Constant)로 보통 0.35~0.41을 주로 사용한다. 안정도가 중립이며 플럭스가 일정한 지상층에서 동서성분 바람의 연직성분 시어와 수평속도는 각각

$$\frac{\partial u}{\partial z}=\frac{u_*}{kz},\ u=\frac{u_*}{k}ln\frac{z}{z_0} \tag{8.10}$$

라고 표현된다. 여기서 u_*은 마찰속도, z_0는 거칠기 길이다. 만일 지상층이 안정 또는 불안정한 비중립이면 지면층에 Monin-Obukhov의 상사 이론(Similarity Theory)을 적용한다. 지표층의 바람과 온도의 연직성분 시어는 각각

$$\frac{\partial u}{\partial z}=\frac{u_*}{kz}\phi_m(\frac{z}{L}),\ \frac{\partial \theta}{\partial z}=\frac{T_*}{kz}\phi_h(\frac{z}{L}) \tag{8.11}$$

라고 표현된다. 여기서 T_*는 지표층 온도이고, ϕ_m과 ϕ_h가 중립인 경우는 1인 경험적 함수이고, L은 난류 플럭스에 의존하는 Monin-Obukhov 길이로서 다음과 같이 표현된다.

$$L=\frac{\overline{T}}{gk^2}\frac{u_*^2}{\left(-\frac{\overline{w'\theta'}}{u_*}\right)} \tag{8.12}$$

식 (8.12)의 L은 부력에 의한 난류 운동 에너지 생성의 레이놀즈 스트레스에 의한 기계적 난류 생성 비율이다. L은 기계적 생성 난류와 열적 생성 난류의 크기가 같은 고도가 될 수도 있다. 따라서 L은 열적 부력과 기계적 난류가 유사한 지상에서의 척도를 의미한다. 이 고도는 불안정 대기에서 낮고 안정 대기에서 높다. 함수 ϕ_m과 ϕ_h는 비중립 안정도 조건에 의해 속도와 온도의 연직성분 프로파일을 수정한다. ϕ_m과 ϕ_h는 Monin-Obukhov 길이를 사용하여 고도를 정상화한 $\frac{z}{L}$의 함수로서 $\frac{z}{L}=R_i\frac{\phi_m^2}{\phi_h}$이라고 표현되며 리처드슨 수(Richardson Number)

$$R_i=\frac{g}{T}\frac{\frac{\partial \theta}{\partial z}}{(\frac{\partial u}{\partial z})^2} \tag{8.13}$$

의 함수가 된다. 리처드슨 수는 수치모델에서 대기가 안정한 경우와 불안정한 경우를 구분하는 척도로도 사용된다.

3) 대기경계층의 연직 고해상도 모델

대기경계층 수치모델은 대기오염, 대기확산 등을 모델링하고 예측하기 위해 고해상도의 연직층을 사용한다. 연직층은 수평 격자의 크기에 비해 아주 작은 규모로 구성되므로 대체로 수평 방향의 플럭스는 무시된다. 따라서 대기경계층 수치모델에서 식 (2.1)~식 (2.6) 중에서 FX, FY, FZ, Q를 각각

$$FX = \frac{\partial}{\partial z}(K_m \frac{\partial u}{\partial z}),\ \ FY = \frac{\partial}{\partial z}(K_m \frac{\partial v}{\partial z}),$$

$$FZ = \frac{\partial}{\partial z}(K_m \frac{\partial w}{\partial z}),\ \ Q_h = \frac{\partial}{\partial z}(K_h \frac{\partial T}{\partial z}) \tag{8.14}$$

라고 간단히 표현할 수 있다. K_m과 K_h는 각각 운동량과 열의 에디 확산계수다. 또 대기경계층 수치모델은 식 (8.14)와 함께 경계층 내 물질(C) 농도의 변화율 방정식

$$\frac{\partial C}{\partial t} = -u\frac{\partial C}{\partial x} - v\frac{\partial C}{\partial y} - w\frac{\partial C}{\partial z} + S + \frac{\partial}{\partial z}(K_c \frac{\partial C}{\partial z}) \tag{8.15}$$

를 추가한다. 여기서 C는 물질(오염, 대기 기체 등) 농도, K_c는 관련 확산계수, S는 C의 생성 및 소멸을 의미한다. 여기에 물질의 에디 확산계수 K_c는 실험식과 관측 자료로부터 혼합길이 l과 리처드슨 수 R_i의 함수로 나타낼 수 있다. 따라서 고도 좌표계를 사용한 기초적인 대기경계층 방정식계를 정리하면 다음과 같이 쓸 수 있다.

$$u_t + uu_x + vu_y + wu_z = -\frac{1}{\rho}p_x + (K_m u_z)_z$$

$$v_t + uv_x + vv_y + wv_z = -\frac{1}{\rho}p_y + (K_m v_z)_z$$

$$w_t + uw_x + vw_y + ww_z = -\frac{1}{\rho}p_z - g + (K_m w_z)_z$$

$$\rho(u_x + v_y + w_z) = 0$$

$$\theta_t + u\theta_x + v\theta_y + w\theta_z = \frac{\theta}{c_p \rho T} Q + (K_h \theta_z)_z$$

$$q_t + uq_x + vq_y + wq_z = M$$

$$C_t + uC_x + vC_y + wC_z = S + (K_c C_z)_z$$

$$p = \rho RT$$

$$\theta = T\left(\frac{p_0}{p}\right)^{\frac{R}{c_p}} \tag{8.16}$$

식 (8.16)은 규모가 작은 경우에서 코리올리 힘의 영향이 적은 수평 규모로 가정한다. 또 얕은 대기경계층 내에서 밀도가 일정하다고 가정하면 연속방정식이 진단방정식으로 유도될 수 있다. 여기서 $K_c C_z = K_c \frac{\partial C}{\partial z}$는 운동량과 열의 경우와 같이 C의 연직 플럭스다. 식 (8.16)의 방정식계는 6개(u, v, w, θ, q, C)의 예측방정식과 2개(ρ, p)의 진단방정식으로 구성된다. 대기경계층 내의 고르지 않은 지표면을 고려하여 대기경계층 고도($H \approx$ 일정)와 지표면 고도(z_{sfc})를 적용하여 $\sigma = \frac{z - z_{sfc}}{H - z_{sfc}}$와 같은 연직 좌표계를 주로 사용한다.

제2절 | 수분 물리 과정

식 (2.6)의 수분보존방정식에서 수분의 변화는 잠열(Latent Heat) 방출과 대기의 운동 역학에 상당한 영향을 미칠 뿐만 아니라 수증기와 구름은 지구대기의 복사 과정에도 큰 역할을 한다. 구름은 아격자 규모의 현상으로 다룬다. 습윤공기(Moist Air) 덩이가 대기 중에서 수축하거나 팽창하는 경우 응결하거나 증발할 수 있으므로 수분보존방정식의 수분 변화가 일어난다. 대기가 건조 공기라면 식 (2.1)~식 (2.7)은 7개의 종속변수에 대한 문제이지만, 만일 대기가 수증기를 포함하면 습윤 공기에서 수증기의 상태방정식($p = \rho_v R_v T$)과 이와 관련된 방정식이 추가되고 열역학방정식이 수정된다. 여기서 ρ_v와 R_v는 각각 수증기의 밀도와 기체상수다. 수치모델에서 구름 내 미규모 과정과 뇌우 구름의 아격자 과정은 격자 규모에서 명시적으로 계산되는 대규모 운동과 현상에 적지 않게 영향을 미치기 때문에 이 과정들을 모수화하게 된다.

1) 수분보존방정식

수증기의 밀도와 혼합비를 각각 ρ_v와 q라 놓는다. 질량 보존을 만족하도록 수증기의 밀도와 혼합비의 시간 변화율을 각각

$$\frac{d\rho_v}{dt} = \frac{\partial \rho_v}{\partial t} + u\frac{\partial \rho_v}{\partial x} + v\frac{\partial \rho_v}{\partial y} + w\frac{\partial \rho_v}{\partial z} = S$$

$$\frac{dq}{dt} = \frac{\partial q}{\partial t} + u\frac{\partial q}{\partial x} + v\frac{\partial q}{\partial y} + w\frac{\partial q}{\partial z} = \frac{S}{\rho} \tag{8.17}$$

라고 놓는다. 여기서 $\rho_v = \rho q$, ρ는 건조 공기 밀도이고, $\frac{S}{\rho}$는 수증기가 응결하거나 물이 기화하면서 잠열이 관여하는 경우(S_1)와 또 다른 과정으로 수증기의 증감이 있는 경우(수증기 확산 등, S_2)로 나눈다. 그 이유는 $S_1 = L\frac{dq_s}{dt}$의 효과는 식 (2.5)의 열역학방정식을 직접 수정하고 대기의 운동에 미치는 영향이 월등히 크기 때문이다. 여기서 q_s는 수증기의 포화 혼합비다. 따라서 열역학방정식 식 (2.5)는 다음과 같이 수정된다.

$$T_t + uT_x + vT_y + wT_z - \frac{1}{\rho c_p}(p_t + up_x + vp_y + wp_z) = Q_1 + Q_2 \tag{8.18}$$

여기서 Q_1은 잠열의 과정으로 발생하는 열에너지이며, Q_2는 현열(Sensible Heat)과 난류 등의 다른 과정에서 발생하는 열에너지다.

수증기의 변화로 인해 연직 대기층의 일부 또는 전 층에서 잠열 방출의 결과로 열역학적 변화가 발생하면 결과적으로 대기층의 연직 안정도가 바뀐다. 연직 안정도는 수치모델의 계산 과정에서 중요한 요소다. 연직 안정도의 척도로서 건조 공기

의 정적 에너지(Static Energy) s는

$$s = c_{pd} T + gz \tag{8.19}$$

이고, 습윤 공기의 정적 에너지 h는

$$h = c_{pd} T + gz + Lq = s + Lq \tag{8.20}$$

이다. 건조 공기의 연직 정적 에너지는 온도와 고도의 함수로서 보존되는 성질을 가진다. 습윤 공기의 정적 에너지는 건조 공기와 습윤 공기에 대해서 모두 보존되며, 따라서 수증기가 변화하면 건조 공기의 정적 안정도 역시 영향을 받게 된다.

공기 중의 포화 수증기로부터 응결된 물이 순식간에 모두 낙하한다고 가정하면 단위시간당($\triangle t$) 단위면적의 강수량 P는

$$P = \int_{t}^{t+\triangle t} \int_{0}^{\infty} \frac{dq_s}{dt} \rho \, dz \, dt \tag{8.21}$$

라고 표현할 수 있다. 식 (8.21)은 공기 중의 수증기가 응결하여 지면에 도달할 수 있는 강수량의 이상적인 개념으로서 실제 강수량과는 상당한 차이가 있다. 여기서 포화 수증기의 총변화율 $\frac{dq_s}{dt}$는 $\triangle t$ 시간 동안 대기층의 모든 수증기가 지면에 도달할 수 있는 총응결률로서 온도, 기압, 포화 수증기압, 연직성분 속도($\omega = \frac{dp}{dt}$), 잠열 등을 포함한다.

2) 대류 조절

실제 대기의 연직 구조는 불안정이 지속되는 상태는 아니다. 이는 대류와 난류 과정을 통해 자연스럽게 불안정이 해소되며 대기의 연직 구조가 안정을 유지하려는 경향이 있기 때문이다. 그러나 대기 중의 수증기가 응결하거나 물 또는 얼음이 기화하여 잠열의 변화가 발생하면 대기 온도의 연직 구조가 바뀌어 대기가 안정하거나 불안정해질 수 있다.

수치모델에서는 실제 대기처럼 연직 불안정이 자연적으로 해소되지 못하므로 이

를 처리하는 과정이 필요하다. 그 이유는 대기가 불안정해지는 과정에서 비단열이나 수증기량의 변화가 일어나기 때문이다. 연직 불안정이 해소되지 않으면 온도의 연직 구조에서 초비단열(Super Adiabatic) 구조가 발생하고 또 수분의 연직 구조에서 초포화(Super Saturation) 구조가 발생하는데, 이런 구조가 지속되면 결국 수치모델의 적분이 불안정해진다. 변화된 온도와 수분을 조절하여 온도의 중립적 안정도와 수분이 초포화되지 않은 연직 구조를 유지해야 수치모델이 안정적으로 적분된다. 수치모델의 격자점에서 온도와 수분의 연직 구조가 주변 대기환경의 변화에 적응하도록 처리하는 과정을 대류 조절(Convective Adjustment)이라 한다.

건조 대류(Dry Convection)는 수증기 혼합비가 포화 혼합비와 비교하여 작을 경우($q < q_s$), 그리고 공기의 연직 온도감률(r)이 건조 공기의 연직 온도감률($r_d = g/c_p$)보다 작을 경우($r < r_d$), 온도와 수분의 변화는 없다. 만일 수치모델에서 r이 r_d와 비교하여 큰 경우($r > r_d$)에는 수분의 변화는 없더라도 온도의 변화가 존재하기 때문에 대기의 연직 구조가 불안정해진다. 수치모델에서 이런 변화는 조절되어야 한다. 즉, 온도의 불안정 연직 구조가 중립 구조($r = r_d$)로 바뀔 때까지 대류가 열을 수송하는 과정이 필요하다. 이 과정은 $r = r_d = g/c_p$가 되도록 총위치에너지가 보존되는 과정인 건조 대류 과정이다. 이러한 변화 과정에서 한 연직층에서 대류 조절이 일어나면 그 결과로 안정한 그 위층 또는 아래층이 불안정해질 수 있으므로 건조 대류 조절은 모든 연직층에 동시에 해당된다. 건조 공기에서 대기는 온위가 보존되는 상태다. 초비단열 연직 온도감률이 발생하는 지역(예: 지표가 급격히 가열되는 지상 근처 등)에서는 면적 평균 온위를 사용하여 대류 조절을 하는 것이 더 간단할 수도 있다.

습윤 대류(Moist Convection)는 공기 중의 수증기 혼합비가 포화 혼합비보다 크거나 같을 경우($q \geq q_s$), 그리고 공기의 연직 온도감률(r)이 습윤 공기의 연직 온도감률(r_m, 습윤 비단열 감률)보다 작으면($r < r_m$) 연직 안정도 조건을 만족하더라도 초포화 조건이 된다. 그러므로 초과 수증기는 등압 과정을 통해 응결하여 잠열을 방출하고 공기를 가열한다. 결국 변화된 온도와 수분은 공기가 포화 상태가 되게 한다. 포화 혼합비(q_s)는 온도와 압력의 함수이므로

$$q + \delta q = q_s(T + \delta T, p) \tag{8.22}$$

의 관계가 성립한다. 여기서 δq, δT는 각각 변화된 수분과 온도다.

수치모델에서 식 (8.22)를 등압 과정의 선형적 관계라 가정하고 작은 값의 변화를 $\triangle$ 라고 표현하면

$$q + \triangle q = q_s(T + \triangle T) \approx q_s(T) + (\frac{\partial q_s}{\partial T})_p \triangle T \tag{8.23}$$

와 같이 1승 차수 변화만 고려한다. 식 (8.23)의 초깃값 q와 T를 주고 $\delta q = \triangle q$, $\delta T = \triangle T$가 서로 같아지고, 습윤 공기의 정적 에너지(h)가 보존될 때까지 반복한다. 즉, $-L\delta q = c_p \delta T$ 또는 $-L\triangle q = c_p \triangle T$ 가 만족하도록 반복하여 계산한다. 이 때 등압 과정에서 정적 에너지가 보존되는 것이다. 이 과정은 대기의 대규모 응결(Large-Scale Condensation)이 발생하는 경우다.

만일 공기의 온도감률(r)이 습윤 공기의 온도감률(r_m)보다 크거나 같을 경우 ($r \geq r_m$), 대기는 연직으로 불안정하고 초포화 조건이 된다. 습윤 대류가 발생하면 초과 수증기는 응결되고 응결 과정에서 방출된 잠열이 공기의 불안정 층의 내부에 분포하게 되어 안정도 조건은 중립이 된다. 이 과정에서 층 내부의 응결된 물은 구름을 형성하며 강우로 이어질 수 있다. 습윤 대류의 경우 불안정 과정이 계속 확대되면 뇌우 구름으로 성장하게 된다.

3) 대류 가용 위치에너지

대기가 운동하면 위치에너지가 변화하게 된다. 대기의 위치에너지는 공기덩이가 연직 방향으로 운동할 때 발생하는 변화다. 따라서 마찰을 무시한 연직성분 운동방정식인 식 (2.3)을 간편하게 $\frac{dw}{dt} = -\frac{1}{\rho_0}\frac{\partial p}{\partial z} - g$라고 쓸 수 있고 정역학 법칙과 상태 방정식을 적용하면

$$\frac{dw}{dt} = g\,\frac{T_{v,p} - T_{v,e}}{T_{v,e}} \tag{8.24}$$

가 된다. T_v는 가온도(Virtual Temperature)이고, 아래첨자 e와 p는 각각 주변 환경과 공기덩이를 뜻한다. 식 (8.24)의 양변에 w를 곱하여 연직성분 운동에너지의 변화율로 바꾸면

$$\frac{d}{dt}(\frac{w^2}{2}) = g\frac{T_{v,p} - T_{v,e}}{T_{v,e}}w \tag{8.25}$$

가 된다. 여기서 g는 중력가속도, $T_{v,p}$는 공기덩이의 가온도, $T_{v,e}$는 주변 대기의 가온도다. 식 (8.25)의 왼편은 연직성분 운동에너지의 총변화율이다. $w = \frac{dz}{dt}$이므로 식 (8.25)의 양변을 연직 방향으로 적분하면

$$\int d(\frac{w^2}{2}) = \int g\frac{T_{v,p} - T_{v,e}}{T_{v,e}}dz \tag{8.26}$$

가 된다. 식 (8.26)의 의미는 두 연직층 사이에서 상승 및 하강하는 공기덩이의 총 운동에너지가 공기덩이와 주변 공기 사이의 온도 차이에 의해 발생하는 부력과 같다는 것이다.

대류 가용 위치에너지(Convective Available Potential Energy, CAPE, J/kg)는 대류권의 조건부 불안정(Conditionally Unstable) 층에서 주변 공기보다 따뜻한 공기덩이가 상승하여 발생한다. CAPE는 공기덩이가 국지적 부력에 의해 자유대류고도(Level of Free Convection)에서부터 상승하여 평형고도(Equilibrium Level)까지 상승하게 되면 이 과정을 연직 적분하여 구한다. 식 (8.26)을 적분하여 그 왼편을 CAPE $= \int d(\frac{w^2}{2})$이라고 정의하면

$$\text{CAPE} = \int_{Z_f}^{Z_n} g\,(\frac{T_{v,p} - T_{v,e}}{T_{v,e}})\,dz \tag{8.27}$$

가 된다. 적분 구간의 Z_f는 자유대류고도, Z_n은 평형고도(각각 그림 8.3의 점 C, E)이다. 오른편의 적분 과정은 공기덩이의 상하 운동으로 발생한 부력이 한 일에서 중력이 한 일을 뺀 것이다.

그림 8.3을 참조하면, CAPE 값이 양인 경우(온도 곡선의 오른쪽 면적) 불안정한 층에서 대류가 발생하고, CAPE 값이 음인 경우(온도 곡선의 왼쪽 면적) 대류 억제(Convective Inhibition, CIN)가 발생한다. 공기가 상승하려면 CAPE 값이 CIN 값보다 커야 한다. 수치모델의 모수화 과정 중에는 CAPE 값이 구름을 생성하는, 특히 뇌우 구름과 강수가 발생하는 척도로 사용된다.

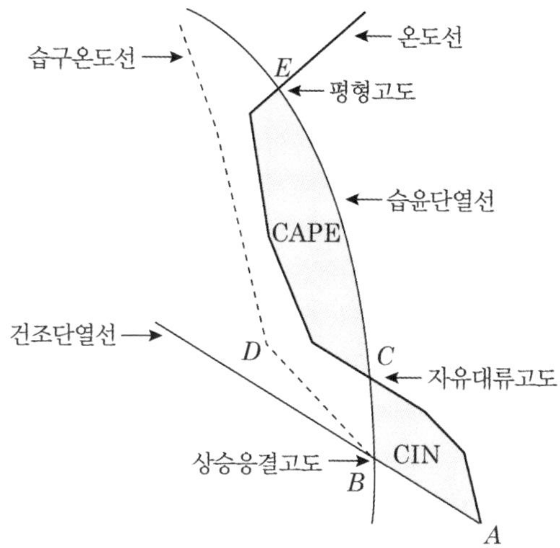

그림 8.3 단열선도에서의 CAPE와 CIN.
공기덩이는 A, B, C, E 경로로 상승한다. CAPE의 면적이 CIN의 면적보다 크면 공기덩이는 상승하여 대류가 발생하고, 반대로 작으면 공기덩이는 하강하여 대류가 억제된다.

4) 구름 물리 과정

p-좌표계에서 구름 내의 수증기, 물방울, 얼음의 변화를 각각 표현하면,

$$\frac{\partial q}{\partial t} = -u\frac{\partial q}{\partial x} - v\frac{\partial q}{\partial y} - \omega\frac{\partial q}{\partial p} + S_1$$

$$\frac{\partial m_r}{\partial t} = -u\frac{\partial m_r}{\partial x} - v\frac{\partial m_r}{\partial y} - \omega\frac{\partial m_r}{\partial p} + S_2$$

$$\frac{\partial m_i}{\partial t} = -u\frac{\partial m_i}{\partial x} - v\frac{\partial m_i}{\partial y} - \omega\frac{\partial m_i}{\partial p} + S_3 \qquad (8.28)$$

이다. q, m_r, m_i는 각각 수증기, 물방울, 얼음의 혼합비다. S_1, S_2, S_3는 각각 수증기, 물방울, 얼음이 상태 변화하면서 미규모 과정에서 발생하는 생성과 소멸을 의미한다. S_1, S_2, S_3에 관련된 열량 L_s(기화, 응결, 융해 등)를 곱하면 발생하는 열량으로서 열역학방정식의 열 생성과 소멸에 영향을 준다. 즉, S_1, S_2, S_3는 각각 식 (8.18)의 Q_1에 해당하고 이것은 미규모의 구름 과정이 대규모 운동 역학에 영향을 준다는 의미다. 그림 8.4는 구름 내에서 발생할 수 있는 물의 물리 과정을 나타낸

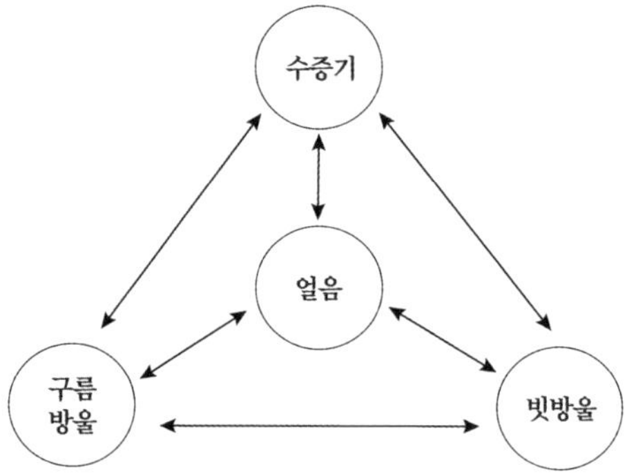

그림 8.4 구름 내에서 발생하는 미규모 물리 과정.

다. 수치모델에서 이 모든 미세 과정을 표현하기 매우 어려우므로 수치모델의 목적에 따라 미세 과정을 단순화한다. 그림 8.4의 구름방울과 빗방울 사이의 충돌/병합 과정 그리고 베르예론(Bergeron) 과정은 강수의 일반적 과정이다.

만일 구름 내에 싸락눈(Graupel)이 포함되면 싸락눈의 시간 변화율

$$\frac{\partial m_g}{\partial t} = -u\frac{\partial m_g}{\partial x} - v\frac{\partial m_g}{\partial y} - \omega\frac{\partial m_g}{\partial p} + S_4 \tag{8.29}$$

를 식 (8.28)에 추가한다. 여기서 m_g는 싸락눈의 혼합비이고 S_4는 싸락눈이 상태 변화하면서 미규모 과정에서 발생하는 생성과 소멸을 의미한다. 따라서 구름 내에서 물의 여러 상태의 혼합비(m_k, $k = 1, \cdots, n$)와 생성 및 소멸(S_i, $i = 1, \cdots, n$)을 표현할 수 있다. 수치모델에서 이러한 과정을 명시 수분 과정(Explicit Moisture Process) 또는 명시 수분 방안(Explicit Moisture Scheme)이라 하며, 이는 강수를 강조하는 구름모델, 중규모모델 등에서 물과 구름의 변화 과정을 더욱 상세히 표현하는 데 사용된다.

5) 유입

구름이 발달할 때 주변 공기가 조직화된 구름 속으로 들어와 혼합되는 과정을 유입(Entrainment)이라 한다. 이러한 혼합 과정을 통해 구름의 주변 공기는 구름의 한 부분이 되며 구름 속 공기와 유입된 주변 공기의 경계에서 증발이 일어나 구름이

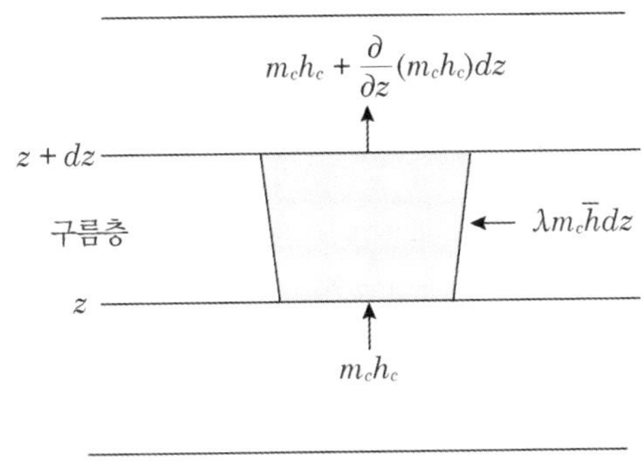

그림 8.5 공기 유입(Entrainment)의 개념. 대기층의 z와 $z+dz$ 사이의 구름층에 주변 공기의 유입으로 인해 정적 에너지 변화를 보인다.

변한다. 주변 공기의 연직 구조는 구름 밑의 연직 질량 플럭스 값, 구름의 열역학적 성질, 구름의 부력이 영(제로)인 고도 등을 고려하여 구름의 연직성분 질량 플럭스가 결정된다.

그림 8.5는 구름과 주변 공기 사이의 유입 과정을 개념화한 것이다. 구름의 고도 z에서 습윤 정적 에너지 h_c의 연직성분 플럭스는 $m_c h_c$이고, 여기서 m_c는 단위면적당 구름의 질량이다. z에서 $z+dz$의 높이까지 구름이 존재하면 구름의 꼭대기 고도 $z+dz$에서 습윤 정적 에너지는 $m_c h_c + \frac{\partial}{\partial z}(m_c h_c) dz$와 같이 1승 차수의 변화만으로 간단히 표현할 수 있다. 주변 공기에서 구름으로 유입하는 습윤 정적 에너지 플럭스는 $\lambda m_c \overline{h}\, dz$이다. 여기서 λ는 분수 크기의 유입률이며 구름으로 들어온 유입은 λm_c가 되고 $\overline{h}$는 구름층 dz 내의 평균 높이다. 따라서 유입으로 인해 구름 속 습윤 정적 에너지의 변화는

$$\frac{\partial (m_c h_c)}{\partial z} dz = \lambda m_c \overline{h}\, dz \tag{8.30}$$

가 된다. 식 (8.30)은 연직 dz 두께의 구름층으로 유입되는 습윤 정적 에너지의 연직성분 변화 $\frac{\partial (m_c h_c)}{\partial z}$와 주변 공기의 분수 유입 $\lambda m_c \overline{h}$는 서로 같다는 것을 표현한 것이다. 조직화된 구름 속의 공기가 주변으로 나가는 것을 유출(Detrainment)이라 하며 유입의 경우와 반대 방향의 표현이 가능하다. 수치모델에서는 조직화된 구름에서 일정한 시간 내에 유입과 유출을 계산하여 정적 안정도를 유지할 수 있다.

6) 적운 모수화

깊은 적운(Deep Cumulus)의 연직 규모는 종관규모 운동의 연직 규모와 거의 비슷하지만 수평 규모와 시간 규모는 2승 차수(~10^2) 수준으로 작다. 예를 들어, 종관규모 운동계의 수평 규모가 대략 1,000km에 시간 규모가 약 1일 정도이면, 적운의 수평 규모는 약 10km에 시간 규모는 약 1시간 정도다. 그러나 조직화된 적운 및 중규모 대류 시스템은 열, 수분, 운동량을 연직 방향으로 수송하여 종관규모 운동계와 강수에 영향을 준다. 따라서 수치모델에서는 대류 조절을 통해 집단적 뇌우 구름에서 방출되는 잠열의 연직 분포가 종관규모 운동의 발달에 영향을 주는 과정이 필요하다. 응결, 결빙 등에 의한 잠열 방출이 대기의 하층을 냉각하고 건조하게 하지만, 중층 및 고층을 가열하고 습윤하게 하여 종관규모의 연직 온도와 습도 구조의 변화에 대응해야 하기 때문이다. 태풍은 종관규모와 적운 대류의 역학 및 열역학적 관계가 상호작용하여 발달하는 중규모 현상이다.

수치모델에서 적운은 종관규모의 변수를 사용하여 모수화되며, 그 결과는 종관규모 대기의 지배방정식에 되먹임된다. 이러한 적운 모수화(Cumulus Parameterization) 방법은 수치모델 내에서 발생하는 대류 불안정을 제거하고 수치모델의 온도와 수분의 연직 구조를 변화시키며, 이는 적운, 주변 공기, 강수 등 사이의 열역학적 관계로 나타난다. 적운 모수화의 원리를 간단히 설명하기 위해 대략 세 가지 방법으로 나눈다.

첫째, 적운 모수화 방법으로서 Betts-Miller 방안은 아격자 규모의 대류가 발생할 때 격자 규모의 대기 상태를 관측에서 얻어지는 기준 대기와 준평형(Quasi Equilibrium) 상태가 되도록 조절하는 방식이다. 기준 대기의 온도와 습도의 연직 분포(Reference Profile)는 적도 지역에서 발생한 강한 대류계의 관측값을 기반으로 적용된다. 이 방안에서는 적운 대류에 의한 온도와 수분 방정식의 강제 항을 시간 변화율로 표현하고 강수는 대류가 발생한 층 내의 수증기를 연직 적분하여 계산한다. 즉,

$$\left(\frac{\partial \overline{T}}{\partial t}\right)_{cu} = \frac{T_{ref} - \overline{T}}{\tau}$$

$$(\frac{\partial \bar{q}}{\partial t})_{cu} = \frac{q_{ref} - \bar{q}}{\tau}$$

$$\mathrm{Pr} = \frac{1}{g}\int_{P_b}^{P_t} \frac{q_{ref} - \bar{q}}{\tau} dp \tag{8.31}$$

라고 표현한다. 식 (8.31)의 Pr은 강수, 첨자 cu는 적운 대류, 첨자 ref는 관측으로부터 얻어진 준평형 상태의 연직 분포, τ는 시간 조절 규모를 나타낸다. 이 방안에서는 깊은 대류의 경우 강수가 형성되지만 얕은 대류의 경우 강수가 형성되지 않는다. 이 모수화 방안은 단순하여 계산량이 적고 쉽게 이용할 수 있는 것이 장점이다. 기준 연직 분포가 열대 지역의 적운 대류 관측을 근거로 얻어지기 때문에 실제 계산하고자 하는 대류의 조절 시간이 상대적으로 긴 경우에는 강수를 과다 모의할 수 있다는 단점이 있다.

둘째, 적운 모수화 방법으로서 Kuo 방안은 대류의 발생과 강도가 연직 적분한 수증기의 수렴(M_t)에 의해 결정된다. p-좌표계에서 단위면적당 연직 적분한 수증기의 수렴은

$$M_t = -\frac{1}{g}\int_0^{p_0} \nabla \cdot (q V)\, dp \tag{8.32}$$

와 같이 표현된다. 식 (8.32)에서 수증기의 층은 지상부터 대기의 꼭대기까지이며, 지상으로부터 증발하는 과정은 포함하지 않는다. 이 방안에서 대기는 조건부 불안정한 상태이고 M_t가 기준값 이상일 경우 대류가 시작된다. 따라서 강수는 다음과 같이 M_t에 비례하여 형성된다.

$$\mathrm{Pr} = (1-b)M_t \tag{8.33}$$

라고 표현된다. 식 (8.33)의 b는 Kuo 파라미터로서 일반적으로 상대습도의 함수를 사용하며, 이는 경험적 방법으로 결정된다. 적절한 값이 설정되면 계산된 강수가 관측값과 유사할 수 있다. 이 방안은 단순하고 계산량이 적어 수치모델에서 많이 사용된다. 그러나 대류에 의한 가열이 수증기 수렴을 유도하여 대류를 더욱 증가시키는 양의 되먹임 현상이 나타나 강수가 과다하게 계산될 수 있다는 것이 단점이다. 이후 이를 개선한 Anthes-Kuo 방안이 중규모 수치모델에 적용되었다.

셋째 방법은 뇌우 구름 규모의 질량 연속성이 핵심인데, Kain-Fritsch 방안과 Arakawa-Schubert 방안이 대표적이다. Arakawa-Schubert 방안은 다양한 규모의 적운형 구름과 대규모 운동 사이의 상호작용이 준평형 상태를 이룬다는 이론에 바탕을 둔 모수화 방법이다. 격자 내에 다양한 형태의 구름 질량 플럭스는 연직성분 질량 플럭스와 구름의 측면 및 꼭대기에서 일어나는 유입과 유출 과정을 통해

$$\sum_i e_i - \sum_i d_i = \left[\sum_i \frac{\partial M_i}{\partial z} + \sum_i \rho \frac{\partial \sigma_i}{\partial t} \right] \tag{8.34}$$

와 같이 계산된다. 식 (8.34)의 e와 d는 각각 유입과 유출이고, M은 연직성분 질량 플럭스, σ는 각각의 대류운이 차지하는 면적을 나타낸다. 첨자 i는 각각의 대류운을 나타낸다. 따라서 적운 앙상블(Cumulus Ensemble)에 대한 질량보존방정식은 구름의 총유입과 총유출을 구름 내 연직성분 질량 플럭스와 구름 면적의 증가율로 나타낼 수 있게 된다. 격자 내에 대류운 전체의 합이 차지하는 면적이 격자의 크기에 비하여 무시할 수 있을 정도로 작다고 가정하면 구름과 주변 대기의 정적 에너지와 수분보존방정식을

$$- \frac{\partial \overline{\omega' s'}}{\partial z} + \rho L Q_L = M_c \frac{\partial \bar{s}}{\partial z} + D_s$$

$$- \frac{\partial \overline{\omega' q'}}{\partial z} + \rho L Q_L = M_c \frac{\partial \bar{q}}{\partial z} + D_q \tag{8.35}$$

와 같은 관계식으로 얻을 수 있다. 식 (8.35)의 L은 잠열, Q_L과 M_c는 각각 응결 플럭스와 구름의 총질량 플럭스, D_s와 D_q는 각각 정적 에너지와 비습(Specific Humidity)에 대한 구름의 총유출 항을 나타낸다. 모든 대류운에 대한 총질량 플럭스와 총유출 플럭스를 계산하면 격자 규모의 열에너지와 수분보존방정식에 대해 적운 대류의 영향을 반영할 수 있다. 이 방안은 물리적 이론을 기반으로 모수화한다는 점에서 여타 대류 조절 방법들과 다르다. 특정한 대기 조건에서 일어나는 적운 대류의 효과를 좀 더 현실적으로 모의할 수 있다는 장점이 있지만, 격자 내 구름이 차지하는 면적이 작다는 가정을 통해서 얻어지기 때문에 상대적으로 높은 해상도(수 km)

에서는 모수화 가정에 위배될 수 있다. 다양한 구름모델을 고려하기 때문에 상대적으로 계산량이 많다는 단점이 있다. 부록 VI에 Arakawa-Schubert 방안의 개념을 간단히 소개하였다.

제3절 | 복사 물리 과정

지구의 대기를 움직이는 에너지의 원천은 적도와 극 사이에 입사하는 태양복사(단파복사)에 의한 차등 가열이다. 그러나 실제 대기의 에너지는 복사 에너지에 의해 가열되고 냉각되는 것으로서, 태양으로부터 들어오는 입사 태양복사와 지구로부터 나가는 지구복사(장파복사) 간의 차이에 의해 발생한다. 이러한 복사의 차이는 대기 온도, 구름, 수증기, 탄산가스, 오존, 에어로졸 등 많은 요소의 영향을 받아 달라진다. 이와 관련된 과정들은 아주 복잡하여 수치모델에서 정확히 표현하기 어렵고 또 많은 계산이 필요하다. 결국 수치모델의 목적과 종류, 격자 간격, 물리 과정, 데이터베이스 등에 따라 복사 에너지의 모수화 방법은 근사적으로 적용된다.

수치모델에서는 지구 대기의 순복사(Net Radiation), 즉 태양복사와 지구복사 간의 차이를 모수화하여 주 에너지원으로 방정식에 적용한다. 이렇게 모수화한 결과를 열역학방정식인 식 (2.5)의 열원(Q)에 입력한다. 식 (2.5)의 강제력 Q 중 하나인 복사 에너지 부분을 Q_{rad}라고 하면 복사 에너지원은

$$Q_{rad} = (\frac{\partial T}{\partial t})_{rad} = -\frac{1}{\rho c_p}\frac{\partial R}{\partial z} = -\frac{1}{\rho c_p}(\frac{\partial R_{lw}}{\partial z} + \frac{\partial R_{sw}}{\partial z}) \qquad (8.36)$$

이 된다. 식 (8.36)의 R은 순복사 에너지다. 순복사는 $R = R_{lw} + R_{sw}$라고 표현되며 R_{lw}는 장파복사, R_{sw}는 단파복사다. 복사 에너지는 연직 흡수 성분이 크고 수평방향 흡수 성분이 아주 작다고 가정한다. 수평 방향 흡수 성분을 무시할 수 없는 경우 연직 흡수 성분으로 변환하여 연직성분에 포함한다. 복사의 연직성분 흡수 에너지 $\frac{\partial R}{\partial z}$은 대기가 흡수하는 단위시간 및 단위면적당 복사 에너지의 연직 경도로서

Q_{rad}에 기여하고 수치모델의 격자 규모와 아격자 규모에서 모두 포함된다. $\frac{\partial R_{lw}}{\partial z}$와 $\frac{\partial R_{sw}}{\partial z}$는 각각 장파복사와 단파복사 에너지의 연직 경도이며 결과적으로 대기에서는 주로 연직성분이 된다. 수치모델은 장파복사와 단파복사를 분리하여 모수화한다. 식 (8.36)을 p-좌표계에서 적용하면 $(\frac{\partial T}{\partial t})_{rad} = \frac{g}{c_p}\frac{\partial R}{\partial p}$과 같이 표현된다.

흑체(Black Body)는 그것에 입사하는 모든 복사를 흡수하고 그것의 온도에 해당하는 장파복사를 방출하는 물체다. 흑체가 방출하는 복사가 등방성을 가진다고 가정하면, 흑체의 방출 복사는 Stefan-Boltzmann의 법칙에 따라

$$R^* = \pi \int_0^\infty B_\lambda(T)\, d\lambda = \sigma T^4 \tag{8.37}$$

이라고 표현된다. 식 (8.37)의 B_λ는 흑체의 전자기 복사로서 온도와 파장의 함수이고 σ는 Stefan-Boltzmann 상수, $T(K)$는 절대온도다. R^*은 모든 전자파의 복사조도(Irradiance)이며 흑체의 온도로 방출하는 단위면적의 복사 에너지다. 태양에서 방출하는 복사조도는 단파복사의 경우 약 $6000K$이며, 지구에서 방출하는 복사조도는 장파복사(적외선복사, 지구복사)로 약 $290K$이다.

대기를 통과하는 복사는 대기층에서 흡수되고, 반사되고, 투과된다. 이 관계는

$$\frac{I_\lambda(\text{흡수})}{B_\lambda} + \frac{I_\lambda(\text{반사})}{B_\lambda} + \frac{I_\lambda(\text{투과})}{B_\lambda} = 1$$

$$a_\lambda + r_\lambda + t_\lambda = 1 \tag{8.38}$$

이라고 표현된다. 식 (8.38)에서 파장(λ)의 함수로서 I_λ는 복사의 단색 강도이고, a_λ, r_λ, t_λ는 각각 복사의 단색 흡수율, 반사율, 투과율이다. 흑체는 흡수한 복사에너지를 방출률(ϵ_λ)에 의해 방출한다. 따라서 $\epsilon_\lambda = a_\lambda$이고, $\epsilon_\lambda = a_\lambda < 1$이면 회색체다. 태양은 $\epsilon_\lambda = a_\lambda = 1$이고 완전 흑체다.

1) 장파복사

대기는 흑체의 역할로서 주로 대기 중의 수증기, 탄산가스, 오존에 의해 파장이 2.5~40μm의 범위에서 단파복사를 흡수한다. 대기는 태양의 단파복사를 흡수한 에너지로 가열되고 자체 온도 T를 가진 흑체로서 장파복사를 방출한다. 대기에서 두꺼운 구름은 구름층의 꼭대기와 밑에서 복사를 방출하지만 구름 내부에서는 이러한 역할이 거의 없다. 식 (8.36)에서 대기의 고도 z에서 상향 장파복사 플럭스는

$$R_{lw,z}^{\uparrow} = -\frac{1}{\rho c_p}\frac{\partial R_{lw,z}^{\uparrow}}{\partial z} \tag{8.39}$$

로 표현되고 하향 장파복사 플럭스는

$$R_{lw,z}^{\downarrow} = -\frac{1}{\rho c_p}\frac{\partial R_{lw,z}^{\downarrow}}{\partial z} \tag{8.40}$$

로 표현된다. 따라서 순장파복사는

$$R_{lw,z} = R_{lw,z}^{\uparrow} - R_{lw,z}^{\downarrow} \tag{8.41}$$

이다. 식 (8.41)의 $R_{lw,z}^{\uparrow}$는 지표면에서의 상향 장파복사와 고도 z의 상향 장파복사를 합한 것이다. $R_{lw,z}^{\downarrow}$는 고도 z의 하향 장파복사다. 식 (8.41)의 순장파복사 $R_{lw,z}$는 맑은 대기의 경우와 구름이 있는 경우 모두 대기에서 복잡한 과정을 거쳐 계산된다.

대기에 구름이 있는 경우 구름물은 장파복사의 진로 거리에 영향을 크게 미친다. 물의 양이 많은 두꺼운 뇌우 구름은 흑체에 가까워 복사하는 진로 거리가 아주 짧지만, 물과 얼음이 적은 얇은 구름에서는 복사하는 진로 거리가 매우 길다. 얇은 권운에서 물의 양은 기후에 큰 영향을 끼친다. 구름층의 꼭대기에서 일어나는 복사 냉각은 상당히 크며, 이로 인해 상층의 공기가 바로 아래 구름에 영향을 주는 유입률(Entrainment Rate)도 상당하다. 구름은 주로 물과 얼음으로 구성되므로 그 크기의 분포에 따라 복사 성질은 아주 복잡해진다. 물이 있는 구름 내부의 장파복사를 모수화하면

$$R^{\uparrow} = R_{cb}^{\uparrow}(1-\epsilon^{\uparrow}) + \epsilon^{\uparrow}\sigma T^4$$

$$R^{\downarrow} = R_{ct}^{\downarrow}(1-\epsilon^{\downarrow}) + \epsilon^{\downarrow}\sigma T^4 \tag{8.42}$$

와 같이 표현할 수 있다. $R_{cb}^{\uparrow}$와 $R_{ct}^{\downarrow}$는 각각 구름층 밑과 꼭대기에서 맑은 공기의 복사조도이고, $\epsilon^{\uparrow}$와 $\epsilon^{\downarrow}$는 각각 구름층 내부 온도 T에 해당하는 상향 방출률과 하향 방출률이다.

수치모델의 한 격자 간격($\triangle x$) 내 대기가 구름에 의해 부분적으로 포화하면, 식 (8.39)와 식 (8.40)으로부터 고도 z에서 장파복사 에너지는

$$\frac{\partial R_{lw}}{\partial z} = \alpha_c\left(\frac{\partial R_{lw,z}^{\uparrow}}{\partial z} - \frac{\partial R_{lw,z}^{\downarrow}}{\partial z}\right) + (1-\alpha_c)\left(\frac{\partial R_{lw,z}^{\uparrow}}{\partial z} - \frac{\partial R_{lw,z}^{\downarrow}}{\partial z}\right) \tag{8.43}$$

와 같이 표현할 수 있다. 여기서 α_c는 격자 내 구름의 분수 비율이고 구름층이 있는 경우 구름 지역과 맑은 지역을 분리하여 취급한다. 구름층 내부의 평균 복사조도를 이용하여 장파의 가열과 냉각을 계산한다.

그림 8.6은 수치모델의 한 격자($\triangle x$) 내에서 하나의 구름층과 대기 사이의 관계를 보인 것이다. 그림의 지면과 대류권 상단 사이 장파복사는 R_A이고, 구름층(σ_c) 꼭대기의 상향 장파복사는 R_B, 지면과 구름층 밑 사이의 장파복사는 R_C, 구름층 내의 장파복사는 $R_{\sigma,c}$이다. 격자 내의 장파복사 관계를 각각 a) 구름층 꼭대기, b) 구름층 내, c) 지면과 구름층 밑 사이라고 한다면

$$a)\ \ R_{lw} = (1-\sigma_c)R_A + \sigma_c R_B$$

$$b)\ \ R_{lw} = (1-\sigma_c)R_A + \sigma_c R_{\sigma,c}$$

$$c)\ \ R_{lw} = (1-\sigma_c)R_A + \sigma_c R_C \tag{8.44}$$

라고 표현할 수 있다. 격자 내 다중 구름층의 경우 대기, 다중 구름층, 지면 사이의 장파복사를 취급하려면 식 (8.44)와 같이 간단하지 않다.

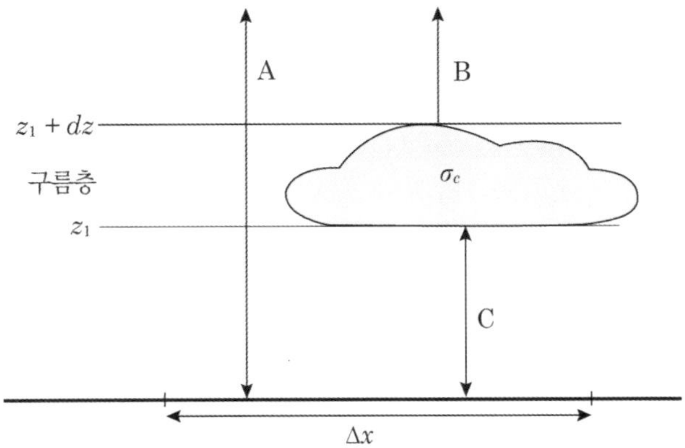

그림 8.6 수치모델 격자 내 구름층의 장파복사.
식 (8.44)로 표현되는 구름층 z_1과 $z_1 + dz$에서의 장파복사를 보여 준다. σ_c는 격자 간격 Δx 내의 구름 분수율이다. A, B, C는 각각 복사 과정을 의미한다.

2) 단파복사

태양복사의 크기는 일정하므로 지구복사와 같이 복잡하지 않다. 태양복사는 직달 복사(Direct Radiation)와 확산 복사(Diffuse Radiation)로 나뉜다. 직달 태양복사는 대기 중에서 진행하는 방향으로부터 흡수되거나 산란되지 않고 직접 목표물에 도달하는 태양복사다. 반면, 확산 태양복사는 대기 중에서 진행하는 방향에서 산란된 다음 다른 경로를 통해 목표물에 도달하는 태양복사다. 예컨대 구름이 낀 날, 태양이 보이지 않는 경우 모든 태양 복사조도는 확산에 의한 확산 복사다. 맑은 날의 경우 대기, 오존, 수증기 등은 태양복사의 일차 흡수체다.

대기의 꼭대기에서 단위 수평면에 도달하는 직달 태양 복사조도는

$$
\begin{aligned}
R_{sw0}^{\downarrow} &= S_0,\ Z < 90^\circ \\
&= 0,\ Z \geq 90^\circ
\end{aligned}
\tag{8.45}
$$

라고 표현한다. 여기서 S_0는 태양상수(Solar Constant)이고, Z는 천정각(Zenith Angle)이다. 태양상수는 지구와 태양 사이의 거리 그리고 천정각의 함수가 된다. 맑은 날 대기는 오존, 수증기 등 대기 조성에서 양이 일정한 가스에 의해 태양복사

를 흡수한다. 대기 조성 가스 중에서 수증기는 대류권을 가열하는 주 원천인데, 특히 대기경계층에서 대부분 가열되고 태양복사 스펙트럼의 근적외선(Near-Infrared) 영역에서 주로 흡수된다. 직달 태양복사의 경우 구름, 지면, 수면에서 단파를 상향 반사한다. 지면에 흡수된 단파복사 조도 R_{swG} 는

$$R_{swG} = (R^{\downarrow}_{swG} + R^{D}_{swG})(1 - A) \tag{8.46}$$

이다. 식 (8.46)의 $R^{\downarrow}_{swG}$는 지면에 흡수되는 직달 단파복사이고, R^{D}_{swG}는 지면에 흡수되는 확산 단파복사이며, A는 지면의 알베도(Albedo, 반사율)이다. 지면의 알베도는 지면의 종류에 따라 아주 다양한데, 같은 종류의 지면에서도 태양의 고도에 따라 크게 달라지며, 지면 온도에 영향을 끼친다. 특히 기후모델에서 지면 알베도의 크기는 기후에 영향을 미치는 매우 중요한 인자다. 지면에서 상향 반사하는 태양 복사조도는

$$R^{\uparrow}_{swG} = A(R^{\downarrow}_{swG} + R^{D}_{swG}) \tag{8.47}$$

라고 표현된다.

맑은 날 확산 태양복사는 대기 중의 기체를 통해 일어나며, 주로 레일리 산란(Rayleigh Scattering)형이다. 레일리 산란은 산란시키는 물체보다 단파복사 파장이 아주 긴 경우에 발생하는데, 산란된 반사의 크기는 복사 파장의 4승에 반비례한다. 단파복사의 산란은 대기의 가열을 증가시키는 역할을 한다. 구름 낀 날의 태양 단파복사의 복사 전달은 맑은 날보다 훨씬 복잡하다. 그 이유는 단파복사의 파장 길이와 산란을 일으키는 입자의 크기가 비슷하기 때문이다. 입사하는 단파복사의 파장 길이와 산란을 일으키는 입자의 크기가 비슷한 경우 또는 입사하는 단파복사의 파장 길이가 더 짧은 경우는 미 산란(Mie Scattering)이라 한다. 구름 내의 단파복사 조도의 산란은 진행하는 길이가 길어지므로 단파복사를 더 많이 흡수한다. 일반적으로 장파복사의 산란은 단파복사의 산란만큼 중요하지 않다.

연습문제

1) 온위(θ)를 온도 변수로 사용하는 열역학방정식 $\theta_t + u\theta_x + v\theta_y + w\theta_z = \frac{\theta}{c_p \rho T} Q$에 레이놀즈 공식과 정의를 적용하면 격자 규모의 평균 온위의 시간 변화율은

$$\frac{\partial \bar{\theta}}{\partial t} = -\frac{\partial \overline{u\theta}}{\partial x} - \frac{\partial \overline{v\theta}}{\partial y} - \frac{\partial \overline{w\theta}}{\partial z} - \frac{\partial \overline{u'\theta'}}{\partial x} - \frac{\partial \overline{v'\theta'}}{\partial y} - \frac{\partial \overline{w'\theta'}}{\partial z} + \frac{\bar{\theta}}{c_p \rho T} Q$$

가 됨을 증명하시오. 또 각 항의 물리적 의미를 설명하시오.

2) 대기경계층에서 운동량, 열, 수분의 연직성분 에디 플럭스를 표현할 때 활용되는 K-이론을 설명하시오.

3) 본문 식 (8.28)의 방정식을 적용한 수증기, 물방울, 얼음으로 구성된 구름 모델에서 수증기 방정식 $\frac{\partial q}{\partial t} = -u\frac{\partial q}{\partial x} - v\frac{\partial q}{\partial y} - w\frac{\partial q}{\partial p} + S_1$의 S_1은 어떤 물리 과정들을 포함하는지 구체적으로 명시하시오.

4) 수치모델에서 불안정한 건조 공기($\gamma > \gamma_d$)층의 연직 온도감률은 중립 온도감률 ($\gamma = \gamma_d = \frac{g}{c_p}$)로 조절된다. 불안정한 층의 k레벨과 $k+1$레벨에서 온위(θ)는 각각 $(T_k + \triangle T_k)(\frac{1000}{p_k})^{\frac{R}{c_p}}$과 $(T_{k+1} + \triangle T_{k+1})(\frac{1000}{p_{k+1}})^{\frac{R}{c_p}}$로 표현된다. 이 불안정층의 건조 대류 조절 조건을 쓰시오. 여기서 k레벨은 $k+1$레벨보다 높다.

5) Arakawa-Schubert 적운대류 모수화 방안의 준평형 이론의 개념을 설명하시오 (부록 VI 참조).

6) 수치모델은 적분하는 과정에서 명시 수분 방안과 적운 모수화 방안을 함께 적용하여 강수를 계산한다. 두 방안에 의해 산출되는 강수의 특징을 설명하시오.

7) 격자 내 구름의 비율이 0.3, 지면과 대류권 상단 사이의 장파 복사량이 400 Wm^{-2}, 구름층 꼭대기의 상향 장파 복사량이 250 Wm^{-2}일 때, 구름층 꼭대기의 장파 복사량을 계산하시오.

제9장

자료 분석과 초기화

이 장에서는 수치모델의 주어진 시공간에서 적분하는 방법, 관측 자료를 격자 시스템으로 분석하는 방법, 마련된 초기 자료 및 경계 자료를 수치모델에 입력하는 방법, 그리고 대기의 예측성을 설명한다. 실제 현상을 계산하기 위해 수치모델은 여러 과정을 거치게 된다. 이 과정은 대체로 수치모델에 내장할 기본 자료의 입력과 설정 그리고 계산을 시작할 때 제공해야 할 초기 자료의 분석으로 나뉜다. 기본 자료는 수치모델의 적용 목적에 따라 방정식계의 계수와 상수, 모델의 경계 자료, 대기의 연직 구조, 지표 상태 및 조건, 모델의 기후값 등을 포함하며, 초기 자료는 수치모델을 계산하기 위해 방정식의 종속변수들에 입력하는 관측 자료 또는 분석된 격자 자료다.

기상 관측 지점에서 수집된 관측 자료는 기본적으로 불규칙하게 분포한다. 이는 지표와 대기의 특성상 관측 자료를 규칙적으로 수집하는 것이 사실상 불가능하기 때문인데, 해상과 산악 지역에서 더욱 그렇다. 기상 레이더, 기상 인공위성 등에서 관측한 기상 정보는 관측 방법이 다르고 대체로 불규칙하게 분포한다. 이러한 불규칙한 기상 정보를 규칙적인 격자 시스템으로 전환하면 활용도가 높아진다(그림 9.1). 좁은 의미에서 자료 분석은 불규칙하게 분포하는 자료를 규칙적인 격자점 자료로 전환하는 내삽법이라 할 수 있다.

그러나 기상 자료 분석은 대체로 목적에 따라 자료 내삽, 객관 분석(Objective Analysis), 초기화(Initialization), 동화(Assimilation) 등을 포함한다. 이러한 방

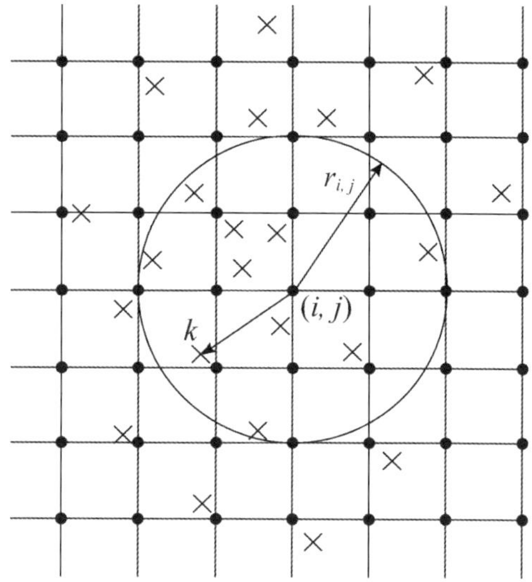

그림 9.1 2차원 격자 시스템의 격자점(●)과 관측점 위치(X). 격자점 (i, j)에서 영향 반경($r_{i,j}$) 내에 존재하는 관측 자료 총 K개를 분석하여 격자점 (i, j)에 결정한다. 그림에서 화살표는 격자점 (i, j)에서 특정 관측점 k까지의 벡터를 나타낸다.

법들은 관측 자료의 품질 검사, 기상학적 가치 제고, 대기의 역학적 진단 관계, 수치모델의 초기 자료 등을 결정하는 과정을 거치는 것이 필요하다. 수치모델의 예측에 적용할 때 자료 분석을 통해 얻은 초기 자료의 정확도는 모델 예측의 성패를 좌우할 수 있다. 자료 분석은 수치모델 시스템의 또 다른 중요한 과정으로, 관측 자료의 양과 종류가 증가하고 새로운 분석 방법이 개발되어 수치모델이 정확해짐에 따라 자료 분석 기술이 고도화되어 왔다.

자료동화(Data Assimilation)는 동화창(Assimilation Window) 내의 여러 시간대 또는 시간 간격, 그리고 여러 위치에서의 다양한 관측 자료를 통합하여 일관된 대기 상태의 물리적 양으로 결합하는 방법이다. 따라서 특정 시간 구간 내의 다양한 기상 자료의 내삽, 객관 분석, 초기화, 동화는 각각의 기능과 역할이 있고, 격자점에서 기상학적 가치를 높이는 분석된 자료를 생산할 수 있도록 돕는다(그림 9.2). 기상 현업 부서에서는 이를 수치예보 모델의 전처리 과정(Pre-Process)이라고 한다. 반면, 수치예보 모델 예측 자료의 통계 처리 등을 통해 정확도를 개선하고 활용 가치를 높이는 후처리 과정(Post-Process)도 있다.

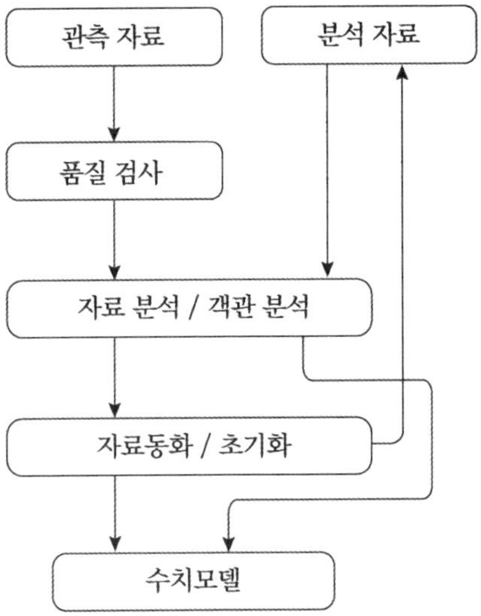

그림 9.2 수치모델에 입력하기 위한 자료의 분석 과정.

제1절 | 자료 분석

기상학적 자료는 그림 9.2에서와 같이 여러 방법과 과정을 거쳐 생산된다. 특히 수치모델에 입력할 자료는 관측 자료와 수치모델 사이의 균형이 중요하다. 자료 분석은 세 과정으로 이루어진다. 첫째, 관측 자료의 품질 검사 과정으로서 여러 관측 기기에서 수집된 자료에는 관측 오차, 관측기기 오차, 자료 전송 오류 등이 포함될 수 있으므로 분석 전에 오류가 포함된 자료를 제거하거나 교정해야 향후 발생할 오차를 줄일 수 있다. 둘째, 작은 진폭의 무작위 오차, 계통적 오차, 다른 경로에서 얻은 분석 오차를 제거하는 과정으로서 이러한 오차는 기상학적 구조를 해칠 우려가 있기 때문이다. 셋째, 서로 다른 기상변수 간의 물리적 관계를 적용하여 기상변수를 조절하는 과정으로서, 이를 통해 기상학적으로 의미가 있는 자료의 구조 및 에너지가 포함되는 자료를 생산한다. 기상학적 및 기술적 과정들을 거치는 대기 자료의 분석은 자료 속에 포함된 오차를 최대한 줄이고 변수들 사이의 역학적 관계를 유지하여 규칙적인 격자점 자료를 생산한다. 이 절에서는 불규칙하게 분포하는 관측 자료를 규칙적인 격자점 자료로 전환하는 방법과 그 기본 원리를 설명한다.

1) 다항식 내삽법

내삽법은 준비된 다항식 함수를 사용하여 불규칙적으로 분포하는 관측 자료를 규칙적 격자점으로 전환하는 방법이다. 즉, 관측 자료와 격자점의 다항식 함수 사이의 차이를 최소제곱법(Method of Least Squares)에 따라 최소화하는 과정으로서 이를 통해 다항식의 계수를 찾는 것이다. (x, y)공간의 다항식 함수를 예로 들면, 다항식 $f(x,y)=\sum_{i,j}^{n} a_{i,j}\, x^i y^j$를 적용하여 격자점 (x_g, y_g)에서

$$f(x_g, y_g)=\sum_{i,j}^{n} a_{i,j}\, x^i y^j \tag{9.1}$$

이라고 표현한다. 식 (9.1)의 $f(x_g, y_g)$는 (x,y)공간에 불규칙하게 분포하는 관측 자료(그림 9.1 참조)로부터 격자점 (x_g, y_g)에서 분석된 값이다. $a_{i,j}$는 다항식의 계수인데, 여기서 $i, j \geq 0$이고 $i+j \leq n$이며 n=2인 경우는 2차 평면, n=3인 경우는 3차 곡면이 된다. 관측점의 자료와 격자점의 다항식 함수 사이에 차이가 발생하므로

$$E = \sum_{k=1}^{K} p_k \,[f_k^{obs} - f(x_k, y_k)]^2 \tag{9.2}$$

과 같이 놓는다. 식 (9.2)의 E는 k번째 관측 자료 f_k^{obs}와 다항식 함수의 격자점 $f(x_k, y_k)$값 사이의 차이다. 이것은 일반적으로 관측 자료는 다항식 함수를 만족하지 않는다는 의미다. 여기서 K는 격자점 주변의 관측 자료로서 분석에 사용한 자료의 개수이고 p_k는 외부 환경에 따라 경험적으로 결정하는 가중 인자(Weighting Factor)로서, 격자점과 관측점 사이 거리의 함수 또는 변수의 중요성 등으로 결정된다.

E를 최소화하려면, $\dfrac{\partial^2 E}{\partial x \partial y}=0$ 조건을 적용하여 계수 $a_{i,j}$를 구한다. $a_{i,j}$를 알면 식 (9.1)을 사용하여 격자점 (x,y)에서의 분석된 $f(x_g, y_g)$값을 구한다. 이 방법은 계산이 단순하여 관측 자료 분석의 원리를 이해하고 설명하는 데 유용하다. 그러나 실제 수치예보 모델에 직접 적용하기에는 한계가 있다.

2) 통계 내삽법

식 (9.2)의 격자점 주변의 관측 자료에 부여할 가중 인자를 결정하기 위해 대기의 행태 또는 구조를 적용하는 것이다. 주로 과거의 통계적 관측 자료 또는 분석 자료를 사용하여 가중 인자를 추정한다. 먼저 격자점에서 관측 자료와 분석 자료 사이의 관계를

$$f_g^A = f_g^p + \sum_{i=1}^{n} p_i (f_i^{obs} - f_i^p) \tag{9.3}$$

이라고 표현할 수 있다. 식 (9.3)의 f_g^A는 격자점의 분석값, f_g^p는 격자점의 초기 추정 자료, p_i는 관측점에 적용하는 가중치, $f_i^{obs}(i=1, \cdots, n)$은 관측점의 관측 자료, f_i^p는 관측점의 초기 추정 자료, n은 한 격자점에서 분석에 사용하는 관측 자료의 수다. 식 (9.3)으로부터 내삽 가중치 p_i를 구하면 식 (9.3)의 오른편을 계산하여 분석값 f_g^A를 구할 수 있다. 이제 p_i를 구하기 위해 $(f_i^{obs} - f_i^p)$의 차이가 최소가 되게 하려면 이 차이의 2승 차수 평균이 최소가 되게 한다. 즉,

$$E = \overline{(f_i^{obs} - f_i^p)^2} \tag{9.4}$$

이라고 표현하고 최소가 되도록 하는 것이다. 여기서 참값(True Value)을 f_i라 놓고(실제로는 참값을 모른다), $\triangle f_i = f_i - f_i^{obs}$는 관측 자료의 오차, $\nabla f_i = f_i - f_i^p$는 초기 추정 자료의 오차라 한다. $\triangle f_i$와 ∇f_i를 식 (9.4)에 넣고 정리하면,

$$E = \overline{(\nabla f_g)^2} + \sum_{i=1}^{n}\sum_{j=1}^{n} (\overline{\nabla f_i \nabla f_j} + \overline{\nabla f_i \triangle f_j} + \overline{\triangle f_i \nabla f_j} + \overline{\triangle f_i \triangle f_j}) p_i p_j$$

$$-2\sum_{i=1}^{n} (\overline{\nabla f_g \nabla f_i} + \overline{\nabla f_g \triangle f_i}) p_i \tag{9.5}$$

가 된다. 여기서 $\overline{\nabla f_i \triangle f_j}$와 $\overline{\triangle f_i \nabla f_j}$는 각각 초기 추정 자료의 오차와 관측 자료의 오차 사이의 교차 공분산(Cross-Covariance)이다. 오차들의 교차 공분산은 서로 관계성이 작다고 가정하여 무시한다. 결과적으로 식 (9.5)는

$$E=\overline{(\nabla f_g)^2}+\sum_{i=1}^{n}\sum_{j=1}^{n}(\overline{\nabla f_i \nabla f_j}+\overline{\Delta f_i \Delta f_j})p_i p_j-2\sum_{i-1}^{n}(\overline{\nabla f_g \nabla f_i})p_i \tag{9.6}$$

가 된다. $p_k(k=1,2,\ \cdots,n)$에 대하여 E를 최소화하기 위해서 $\frac{\partial E}{\partial p_k}=0$을 만족하도록 하면

$$\frac{\partial E}{\partial p_k}=2(\sum_{i=1}^{n}(\overline{\nabla f_i \nabla f_k}+\overline{\Delta f_i \Delta f_k})p_i-\overline{\nabla f_g \nabla f_k})=0 \tag{9.7}$$

이 된다. 식 (9.7)은

$$\sum_{i=1}^{n}(\overline{\nabla f_i \nabla f_k}+\overline{\Delta f_i \Delta f_k})p_i=(\overline{\nabla f_g \nabla f_k}) \tag{9.8}$$

으로 정리된다. 식 (9.8)의 $\overline{\nabla f_i \nabla f_k}$는 관측점에서 초기 추정 자료 오차의 공분산, $\overline{\Delta f_i \Delta f_k}$는 관측 오차의 공분산, $\overline{\nabla f_g \nabla f_k}$는 격자점에서 초기 추정 자료 오차의 공분산이다. 이들 공분산을 안다면 식 (9.8)의 n개의 선형 연립방정식을 풀어서 p_k를 계산하고 그 값을 식 (9.3)에 대입하여 분석값 f_g^A를 계산한다.

그러나 실제로는 참값을 알 수 없으므로 오차의 공분산을 구하는 것이 가능하지 않기 때문에 실제 목적에 적용하기 위해 관측 변수 f에 대해 모든 관측점과 모든 격자점에 임의의 초기 추정 자료 f^p를 구축한다. 임의의 초기 추정 자료로는 기후 자료 또는 최근 분석된 자료를 사용할 수 있다. 그러나 중요한 것은 공분산 $\overline{\nabla f_i \nabla f_j}$와 $\overline{\Delta f_i \Delta f_j}$를 어떻게 구할 것인가의 문제다. 일반적으로 이러한 공분산은 대기 변수들의 장기간의 자료로부터 자기상관(Auto-Correlation) 관계를 계산하여 사용한다. 그림 9.3과 같이 대기 변수의 공간에 대한 자기상관 관계는 보통 거리에 반비례하는 경향이 있다. 기상 변수의 자기상관 관계는 대기의 변수와 규모에 따라 다르게 나타난다. 대규모 운동계 또는 종관규모 변수의 자기상관 관계는 공간에 대해 완만하게 감소하고 국지성이 큰 변수의 자기상관 관계는 공간에 대해 급격하게 감소하는 경향이 있다.

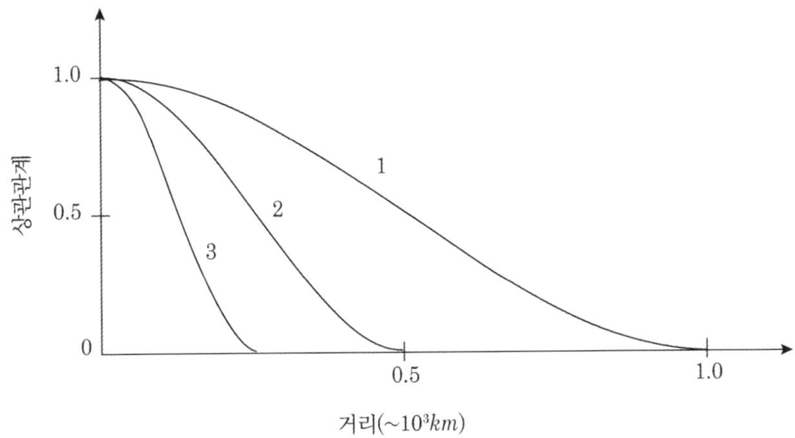

그림 9.3 대기 변수의 거리에 대한 자기상관 패턴.
연속수정 분석 과정에서 스캔 순서($1 \rightarrow 2 \rightarrow 3$)에 따라 거리의 함수 상관관계를 보인다. 즉, 대규모 운동 관계에서 소규모 운동 관계로 반복하며 수정·분석할 수 있다.

3) 연속수정(Successive Correction) 방법

이 방법은 먼저 격자점의 초기 추정 자료 f_g^p를 격자점에 구축한다. 초기 추정 자료에 더하여 관측 자료를 분석하는 과정에서 관측 자료에 스캔(Scan)을 여러 차례 반복 적용하여 초기 추정 자료를 수정하는 방법이다. 이 관계를

$$f_g^A = f_g^p + \sum_{i=1}^{n} \alpha_i (f_i^{obs} - f_i^p) \tag{9.9}$$

이라 놓는다. 식 (9.9)의 α_i는 분석하는 대기 변수, 관측 자료의 밀도, 관측 자료와 격자점 사이의 거리 등을 고려하여 명시적으로 결정하는 외부 가중계수다. 첫 번째 스캔으로부터 격자점 값이 관측값에 적응하여 분석된 값 f_g^A를 다시 초기 추정 자료로 하고 두 번째 스캔에서 격자점 값이 관측값에 적응하도록 하는 방식으로 계속 반복한다. 대체로 두 번의 스캔으로 만족할 만한 결과를 얻을 수 있다고 알려져 있다. 여러 차례 반복 스캔하는 동안 다른 규모의 대기 운동을 스캔하여 수정된 값을 얻을 수 있다(그림 9.3). 즉, 처음에는 큰 규모의 운동 및 상태가 분석되고, 다음에는 작은 규모의 운동 및 상태가 분석되도록 차별화하여 적용하면 자료에 포함된 기

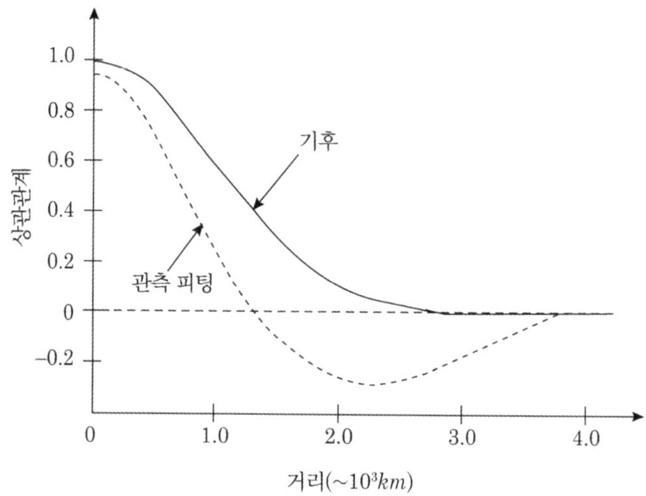

그림 9.4 대기 변수의 거리에 대한 자기상관 관계.
지오퍼텐셜 고도의 상관관계를 피팅한 것으로서 실선은 기후자료에서 부의 상관관계를 포함하지 않은 것이며 점선은 관측 자료 피팅이다. 종관규모 관측 자료로부터 구한 자기상관 관계는 지수적 감소 경향이 있다.

상 구조를 충분히 반영할 수 있다.

이 방법은 경험적으로 얻은 대기 변수의 기상학적 구조를 가중계수로 사용하므로 실용적이다. 일반적으로 거리에 따라 지수적으로 감소하는 함수의 성질을 가중계수로 사용한다. 대기 변수의 자기상관 관계를 이용하는 반즈 방법(Barnes Method)은 널리 사용되는 연속수정 방법이다. 이 방법은 관측 자료로부터 구한 대기 변수의 자기 상관관계에 근거하여 가중계수를 지수 함수로 피팅된 $\alpha = a\,e^{-br^2}$을 사용한다(그림 9.4). 여기서 계수 a와 b는 대기 변수의 특성에 따라 경험적으로 결정한다. 반즈 방법에서는 보통 두 번의 스캔을 하는데 첫 번째 스캔은 관측 자료에 포함된 종관규모의 대기 운동의 특징을 스캔하고, 두 번째 스캔은 그보다 작은 규모의 대기 운동의 특징을 스캔한다. 이 방법을 적용할 때 자료 분석 전 관측 자료에 포함된 대기 운동의 성질을 우선 파악하거나 특별히 관심 있는 대기 운동을 강조하기 위해 계수 a와 b의 값 그리고 스캔 과정을 결정하는 것도 중요하다.

4) 변분 분석(Variational Analysis) 방법

이 방법은 관측 자료에서 분석된 자료의 오차를 최소화하기 위해 관측 자료와 초기 추정 자료가 서로 잘 부합하도록 최적화하는 과정에서 변분법(Calculus of Variations)을 적용하는 것이다. 최적화 과정에서 통제(Constraint) 조건을 적용하여 변수들 사이의 역학적 관계에 따라 분석 오차를 최소화한다. 통제 조건으로 대기 변수들 간의 지균 관계, 정역학 근사, 여과 운동 방정식 등의 함수 관계를 사용한다. 그러나 통제 조건을 적용하기 때문에 변분법의 최적화 과정은 상당히 복잡하다.

대기 변수를 f, 초기 추정 분석 자료를 f^A, 관측 자료와 초기 추정 분석 자료 사이의 차이를 $\triangle f = (f^{obs} - f^A)$이라 하고 통제 조건을 함수 $F_i(f) = 0$이라고 한다. 여기서 $i = 1, \cdots, n$이며 적용한 통제 함수의 개수를 나타낸다. f^A와 $\triangle f$를 합하여 통제 함수 $F_i(f^A + \triangle f)$=0인 통제 조건을 만족하도록 한다. 즉, 초기 추정 분석 자료에 관측 자료와 초기 추정 분석 자료 사이의 차 $\triangle f$를 합한 함수가 통제 조건을 만족하도록 한다. 이 과정에서 분석 영역의 모든 $\triangle f$를 제곱하여 합한 오차가 최소화되게 한다.

예를 들어 1차원인 경우 관측 자료와 초기 추정 분석 자료의 차 $\triangle f$를 제곱하고 (x_1, x_2)영역 전체에 대해 적분하면

$$I = \int_{x_1}^{x_2} \alpha (\triangle f)^2 dx \tag{9.10}$$

가 된다. 식 (9.10)의 α는 변수들에 가하는 외부 가중치이며, 분석 과정에서 I가 최소가 되는 것이 필요하다. 변분법은 I가 최소가 되고 변수 f에 $\triangle f$를 첨가한 미분방정식 $F(f^A + \triangle f) = 0$인 통제 조건을 만족하도록 최적화하는 과정이다. 이때 $I = 0$이면 강한 통제(Strong Constraints)라 하는데, 실제로 강한 통제 조건이라 해도 I를 완전히 최소화하기는 어렵다. $I \approx 0$이면 약한 통제(Weak Constraints)라 하며, 이 경우 실제 문제를 해결하는 데 도움이 되지만 최소화 과정은 여전히 어렵다.

예를 들면, p-좌표계에서 관측 자료 지오퍼텐셜 고도와 온도 자료 사이의 관계를 정역학 방정식 $\frac{d\phi}{dp} = T$를 통제 조건으로 사용하면 통제 함수는 $F(p, \phi, T) =$

$F(p, \phi, \frac{d\phi}{dp}) = 0$이 된다. 정역학 방정식을 사용하는 통제 조건은 지오퍼텐셜 고도의 함수로 표현된다. 통제 함수를 만족한다면,

$$I = \int_{p_1}^{p_2} \{\alpha_1 (\triangle \phi)^2 + \alpha_2 (\triangle T)^2\} dp \tag{9.11}$$

가 된다. 여기서 $\triangle \phi = \phi - \phi^{obs}$, $\triangle T = T - T^{obs}$이고 α_1과 α_2는 관측 자료의 성격에 따라 결정되는 외부 입력 계수다. 식 (9.11)의 I를 최소화하기 위해 통제 함수 $F(p, \phi, \frac{d\phi}{dp}) = 0$, 즉 $\frac{d\phi}{dp} = T$를 풀면 미분방정식

$$\frac{d^2\phi}{dp^2} - \frac{\alpha_1}{\alpha_2}\phi = \frac{dT^{obs}}{dp} - \frac{\alpha_1}{\alpha_2}\phi^{obs} \tag{9.12}$$

을 얻는다. 식 (9.12)의 오른편은 관측 자료와 초기 추정 분석 자료로부터 구할 수 있다. 그러면 경계 조건을 적용하여 식 (9.12)의 미분방정식을 풀어 ϕ를 구한다. 이 예에서 보는 바와 같이 변분법은 수치모델의 모든 격자점에서 미분방정식을 푸는 과정이다. 미분방정식을 푸는 대신 다른 방법을 적용하는 방법을 변분자료 동화에서 설명한다.

제2절 | 자료 초기화

대기 운동에는 다양한 규모의 여러 운동(또는 파동, 에너지)이 존재한다. 실제 대기의 운동은 질량장과 바람장 사이가 보통 불균형 상태에 있으며, 이러한 불균형은 보통 질량장과 바람장의 재분배를 통해 점차 해소되었다가, 차등 가열 등의 요인으로 인해 다시 불균형이 형성되고 재분배되는 과정을 반복하면서 대기는 점차 안정화되는 경향을 보인다. 대규모 운동계에서는 질량장과 바람장의 재분배가 관성 중력파, 중력파, 또는 이보다 더 작은 파동들의 분산과 소멸을 통해 이루어진다. 그 결과, 실제 대기는 자연적으로 준지균 균형 상태를 이루게 된다.

실제 대기와 달리 수치모델은 유한한 개수의 자유도를 가지며 모델 대기의 운동도 제한된 물리계 내에서 이루어진다. 그러므로 수치모델의 불완전성뿐만 아니라 초기 자료에 포함된 가짜 중력파 또는 잡음(작은 규모의 파동 포함)이 적절히 분산되거나 소멸되지 않으면 수치모델의 해는 보장되지 않는다. 초기화 과정은 이러한 잡음(가짜 중력파 포함)이나 자료 오차를 최소화하면서도 수치모델이 안정적으로 적분이 될 수 있도록 모델의 초기 입력 자료를 구축하는 과정이다. 특히 초기 자료에 포함된 가짜 중력파는 적분 과정에서 연직성분 속도, 강수량, 지상 변수에 부정적인 영향을 미친다. 초기화 방법에는 지균 조절(Geostrophic Adjustment)을 포함하여 여러 실용적 방법들이 있다.

1) 지균 조절

대기의 대규모 운동계는 지구의 중력과 자전 효과(코리올리 힘)에 의해 수평으로는 지균 평형, 연직으로는 정역학 평형 상태를 유지하려는 경향이 있다. 지균 평형 상태는 질량장과 바람장 사이의 평형을 의미하며, 지균 평형을 형성하지 못한 비지균 운동계(예: 불균형 가열에 따른 온도 구조 등)는 시간이 지나면서 점차 지균 평형 상태로 조절된다. 대규모 운동계의 불균형은 바람장이 질량장에 의해 조절되고, 소규모 운동계의 불균형은 질량장이 바람장에 의해 조절되는 경향이 있다.

실제 대기에서는 마찰, 연직 플럭스, 비선형 작용 등 다양한 메커니즘으로 인해 국지적 고주파 비지균 운동계가 형성된다. 이러한 비지균 운동계의 에너지는 대부분 대규모 운동계에 편입되지 못하고 지균 평형으로 조절된다. 그러나 수치모델은 이러한 자연적인 지균 조절 능력이 없다. 즉, 수치모델은 초기 상태에 포함된 비지균 고주파 또는 비선형으로 인해 성장하는 파동들을 자체 소멸시키지 못하며, 이로 인해 수치모델이 적분하는 동안 고주파들이 성장하면서 대규모 운동계의 신호(Signal)를 파괴할 수 있다. 이를 방지하기 위해 수치모델의 방정식계에 확산항을 추가하거나 적분 결과에서 나타나는 비현실적 파동들을 부분적으로 제거하는 방법이 사용된다. 그러나 수치모델에 초기 자료를 입력하기 전에 지균 조절 과정을 거치면 모델의 초기 적분 동안 계산 과정에서 발생하는 수치적 쇼크를 줄일 수 있다.

균질한 비압축성 대기의 간단한 2차원 방정식을 사용하여 역학적 관점에서 지균 조절을 설명한다. 이 방정식의 동서 성분 바람(u), 남북 성분 바람(v), 고도(h)와 이 함수들이 공간 조화함수 $e^{i(kx+ly)}$을 가진다고 가정한다. 여기서 k는 동서 파수, l은 남북 파수다. 그러면 $u(x,y,t)=\hat{u}(t)e^{i(kx+ly)}$, $v(x,y,t)=\hat{v}(t)e^{i(kx+ly)}$, $h(x,y,t)=\hat{h}(t)e^{i(kx+ly)}$이라 표현되고, 반면 시간변수는 진폭 $\hat{u}(t), \hat{v}(t), \hat{h}(t)$에 포함된다고 가정한다. 균질한 비압축성 대기의 2차원 방정식계는

$$\frac{\partial u}{\partial t}=-fv-g\frac{\partial h}{\partial x}$$

$$\frac{\partial v}{\partial t}=fu-g\frac{\partial h}{\partial y}$$

$$\frac{\partial h}{\partial t}=-D_0\left(\frac{\partial u}{\partial x}+\frac{\partial v}{\partial y}\right) \tag{9.13}$$

와 같이 표현할 수 있다. 여기서 f는 코리올리 파라미터, g는 중력가속도, $D_0=\sqrt{gH}$이고, H는 대류권 평균고도다. 식 (9.13)의 첫째와 둘째 식은 운동방정식이고 셋째 식은 질량보존방정식이다. 이 방정식으로부터 고도장(질량장)과 바람장 사이의 관계를 유도한다. 식 (9.13)에 공간 조화함수로 표현되는 변수 $u(x,y,t)=\hat{u}(t)e^{i(kx+ly)}$, $v(x,y,t)=\hat{v}(t)e^{i(kx+ly)}$, $h(x,y,t)=\hat{h}(t)e^{i(kx+ly)}$을 대입하여 해를 구한 후 질량장을 고도($h$)로, 바람장을 유선 함수($\psi$)로 변환하면

$$\psi_s=\alpha\psi_i+(1-\alpha)\left(\frac{gh_i}{f}\right),\ \ \alpha=\frac{gD_0(k^2+l^2)}{gD_0(k^2+l^2)+f^2} \tag{9.14}$$

과 같이 고도와 유선 함수 사이의 관계식을 얻는다. 여기에는 유선 함수 $\vec{V}=\vec{k}\times\nabla\psi$와 속도 $\vec{V}=\vec{i}\,u+\vec{j}\,v$의 관계가 도입되었다. 식 (9.14)는 로스비파와 관성 중력파 사이의 관계이고, ψ_s는 최종 정지 상태의 유선 함수, ψ_i는 초기의 유선 함수, h_i는 초기의 고도장이다. $\alpha=0$의 경우, 즉 $f\gg gD_0(k^2+l^2)$인 경우 $\psi_s=\frac{g}{f}h_i$이고 이것은 초기의 고도장과 바람장의 지균 균형 관계를 의미한다.

식 (9.14)에서 $\alpha=0$(대규모 운동계)의 경우, 파수 k와 l이 작고 $f>0$의 경우와 같다. $\alpha=1$의 경우, k와 l이 크고 $f\approx0$의 경우와 같다. 만일 α가 1에 접근하면

(소규모 운동계) $\psi_s = \psi_i$이고 $h_s = \frac{f}{g}\psi_i$가 된다. 즉, 초기의 질량장(고도장) h_i는 바람장 ψ_i에 따라 지균 조절된다는 의미이고, 만일 α가 0에 접근하면(대규모 운동계) $\psi_s = \frac{g}{f}h_i$가 된다. 즉, 초기의 바람장 ψ_i는 질량장 h_i에 따라 지균 조절된다는 의미다.

지균 조절 이론은 대규모 운동계($f \gg 0$)에서 바람장이 질량장에 의해 조절되는 경향이고, 소규모 운동계($f \approx 0$)는 질량장이 바람장에 의해 조절되는 경향이 있음을 의미한다. 수치모델의 지균 조절은 관측 자료를 초기화할 때 코리올리 파라미터가 상대적으로 큰 중위도 지역에서는 초기 관측 고도장으로부터 바람장을 구하고, 코리올리 파라미터가 상대적으로 작은 저위도 지역에서는 초기 관측 바람장으로부터 고도장을 수정하는 방식으로 이루어진다. 저위도에서 고도장의 변화는 관측 오차 수준으로 아주 작으므로 바람장에서 고도장을 얻는 이유와 일치한다. 이러한 지균 조절 관계를 바탕으로 바람장과 고도장 사이의 균형 조건을 초기 입력 자료에 적용하면, 수치모델을 적분할 때 바람장과 고도장 사이의 불균형을 줄이는 효과가 있다.

2) 정적 초기화

정적 초기화(Static Initialization)는 대규모 운동과 관련하여 관성 중력파의 생성을 줄이거나 제거하기 위해 대기 방정식의 역학 관계를 사용하는 방법이다. 이는 수치모델의 초기 입력 자료에 진단 방정식에 기반한 균형 조건을 적용하는 방식으로, 여기에는 정역학 관계, 지균 관계, 균형 방정식(Balanced Equation), 오메가 방정식(ω-Equation) 등이 포함된다.

준지균 역학계에서 관측 자료인 지오퍼텐셜 고도(ϕ)를 사용하여 와도 방정식 $\zeta = \frac{1}{f}\nabla^2\phi$ 로부터 와도를 계산하고, 와도에서 유선 함수(ψ)를

$$\nabla^2\psi = \zeta \tag{9.15}$$

의 관계식으로부터 구한다. 또 오메가 방정식에서 지오퍼텐셜 고도로부터 구한 ω를 사용하여 속도 포텐셜 χ를

$$\nabla^2\chi = -\frac{\partial\omega}{\partial p} \tag{9.16}$$

의 관계식으로부터 구한다. 식 (9.15)와 식 (9.16)은 타원형 편미분 방정식이다. 운동학적 ψ와 χ는 각각 회전 속도 성분 바람 $\overrightarrow{V_\psi} = -\nabla\psi$와 비회전 속도 성분 바람 $\overrightarrow{V_\chi} = \nabla\chi$를 구하여 $\vec{V} = \vec{V}_\psi + \vec{V}_\chi$를 계산한다. 이렇게 구한 지오퍼텐셜 고도장과 바람장(ϕ과 $\vec{V}$)을 수치모델의 초기 입력 자료로 사용하는데, 중위도 지역은 ϕ의 변화가 크기 때문에 초기 자료에 ϕ로부터 $\overrightarrow{V_\psi}$를 구하여 사용하고, 저위도 지역은 ϕ의 변화가 작으므로 $\overrightarrow{V_\psi}$로부터 ϕ를 초기 자료로 사용하는 정적 초기화 방법을 적용한다.

3) 역학적 초기화

역학적 초기화(Dynamical Initialization)는 수치모델이 예측을 시작하기 전에, 모델 초기시각 전후로 전방 적분과 후방 적분을 시행하여 초기 자료가 수치모델의 역학 방정식에 적응하도록 하는 방법이다. 이 과정에서 방정식에 포함된 비가역 항들을 제외함으로써 중력파 또는 잡음의 진폭이 일부 제거되거나 줄어들어 수치모델이 적분을 시작할 때 발생할 수 있는 충격을 완화할 수 있다. 간단한 이류방정식 $\frac{\partial u}{\partial t} = F$에서 n번째 적분은 $(\frac{\partial u}{\partial t})^{n+1} = F^n$으로 표시된다. 여기서 F는 비가역 항들을 제외한 나머지 항을 의미한다. 전방 적분을 시행한 후 후방 적분을 시행하면 각각,

$$\text{전방 적분: } u^{*(n+1)} = u^{(n)} + \Delta t(\frac{\partial u}{\partial t})^{(n)} + F^{(n)}$$

$$\text{후방 적분: } u^{**(n)} = u^{*(n+1)} - \Delta t(\frac{\partial u^*}{\partial t})^{(n+1)} - F^{(n)} \tag{9.17}$$

과 같이 표현할 수 있다. 초기시각 근처에서 수치모델이 전방과 후방으로 번갈아 적분하는 동안 관측 자료의 바람장과 질량장이 수치모델의 역학에 따라 서로 적응하여 균형을 이루도록 한다. 전방 적분의 초깃값 $u^{(n)}$과 후방 적분에서 얻은 값 $u^{**(n)}$을 가중 평균하여 초기 자료로 사용한다. 한 예로서 식 (9.17)의 $u^{(n)}$과 $u^{**(n)}$을 가중 평균한 값 $u^{(n)} = 3u^{(n)} - 2u^{**(n)}$을 초기 자료로 사용할 수 있다.

4) 정상 모드 초기화

진동하는 운동계의 정상 모드는 그 운동계를 구성하는 모든 부분이 동일 주파수와 고정 위상을 가진 사인파의 운동 패턴을 의미한다. 자유 대기의 운동에서 정상 모드(Normal Mode)는 동일 주파수로 발생한다. 대기의 지배방정식 식(2.1)~식(2.7)은 여러 종류의 파동을 포함하는데, 대규모 운동의 에너지 관점에서 대규모 운동과 주로 관계되는 파동은 로스비 파와 관성 중력파다. 로스비 파는 진폭이 크고 주파수가 낮은 선형의 느린 모드(Slow Mode)로서 대기 중의 주요한 저주파 운동을 나타내며, 관성 중력파는 진폭이 작고 주파수가 높은 비선형의 빠른 모드(Fast Mode)로 나타난다. 이 두 파동은 서로 다른 주파수를 가지므로 분리가 가능하다. 즉, 대기의 파동을 정상 모드로 표현하면 빠른 모드의 파동을 느린 모드의 파동으로부터 분리할 수 있다.

식(2.1)~식(2.7)을 토대로 구축된 수치모델은 초기 자료에 빠른 모드 파동이 포함되어 있지 않더라도 적분 과정에서 비선형 항에 의해 빠른 모드 파동이 생성된다. 그러므로 실제 3차원 수치모델에서 역학적 정상 모드를 전부 분리하여 구축하기란 쉽지 않다. 그러나 편의상 연직 구조의 정상 모드와 수평 구조의 정상 모드를 분리하여 각각 구축할 수 있으며, 초기화 과정에서도 기상학적 신호를 포함하는 느린 모드와 그렇지 않은 빠른 모드를 정상 모드 구조로 각각 구축할 수 있다. 또 연직 구조의 정상 모드만을 사용하더라도 느린 모드와 빠른 모드를 분리하여 빠른 모드의 일부분을 상당히 제거할 수도 있다.

수치모델의 초기 선형화 과정에서 빠른 모드를 제거하고 느린 모드만을 초기 자료로 사용하는 방법을 선형 정상 모드 초기화라 하는데, 이렇게 얻은 느린 모드의 초기 자료를 사용하여 비선형 수치모델에서 적분하면 일정 시간 동안 초기화의 효과가 나타나지만, 곧바로 비선형 상호작용에 의해 빠른 모드가 다시 성장한다. 따라서 초기화 과정에서 느린 모드와 빠른 모드를 함께 구축한 후 빠른 모드를 제거하여 초기 자료를 만들면 정상 모드 초기화의 효과가 더 오래 지속된다. 이를 비선형 정상 모드 초기화라 한다. 정상 모드 초기화 방법을 전구 수치모델에 적용하면 경계조건의 영향을 받지 않는다는 장점이 있으나, 지역 규모 수치모델에서는 경계조건의 영향을 받을 수 있고 지역 규모 역학계의 정상 모드를 충분히 파악하기 어렵기 때문에 적용이 제한될 수 있다. 그림 9.5는 전구 수치모델에서 구한 연직 정상 모드

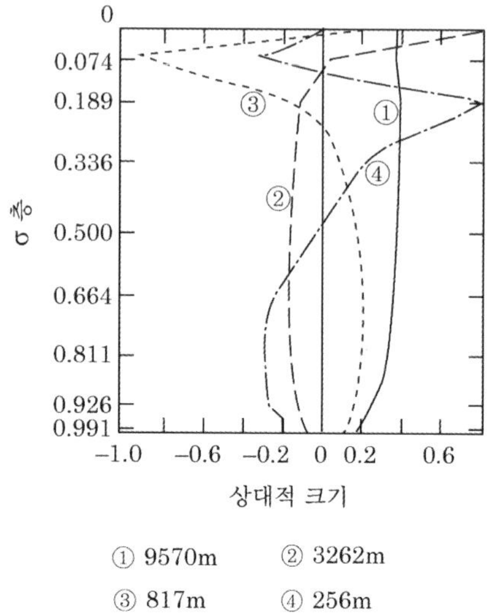

그림 9.5 전구 수치모델에서 구한 연직 정상 모드의 예(Kasahara and Puri, 1981).
σ-좌표계 10층 전구 수치모델에서 유도된 정상 모드 9개 중 모드 ①~④만 제시한 것으로서 모드 ①은 순압 구조이고 모드 ②~④는 경압 구조를 보인다.

의 예다.

5) 넛징(Nudging, 찔러 넣기) 방법

관측 자료를 반영하기 위해 수치모델의 방정식에 강제항을 추가하는 방법이다. 모델 적분을 시작하기 전에, 모델 변수를 관측 자료에 동화시키고 이 결과를 초기 자료로 사용하여 모델 적분을 수행한다. 이때 추가된 강제항은 모델 변수와 관측 자료 간의 차로 정의한다. 강제항을 통해 관측 자료를 찔러 넣어 모델 변수가 동화된 후 실제 예측을 시작할 때 강제항을 모델 방정식계에서 제거한다. 이 방법은 뉴턴 완화(Newtonian Relaxation) 방법의 한 종류다. 식 (2.1)~식 (2.6)의 종속변수(u, v, w 등)를 α로 표현하고 넛징 방법의 강제항을 추가한 수치모델 방정식을

$$\frac{\partial \alpha}{\partial t} = F + w(\alpha, t)\ (\alpha^{(obs)} - \alpha) \tag{9.18}$$

로 표현한다. 식 (9.18)의 오른편 첫째 항 F는 모델 방정식의 다른 모든 항을 포함한 것이고 둘째 항은 추가된 강제항으로서 $w(\alpha, t)$는 넛징 계수인 음수가 아닌 함수이고, $(\alpha^{(obs)} - \alpha)$는 관측값$(\alpha^{(obs)})$과 모델 변수$(\alpha)$의 차이다. 넛징 계수 $w(\alpha, t)$는 식 (9.18)을 적분하는 과정에서 강제항으로 인한 충격이 발생하지 않거나 완화되도록

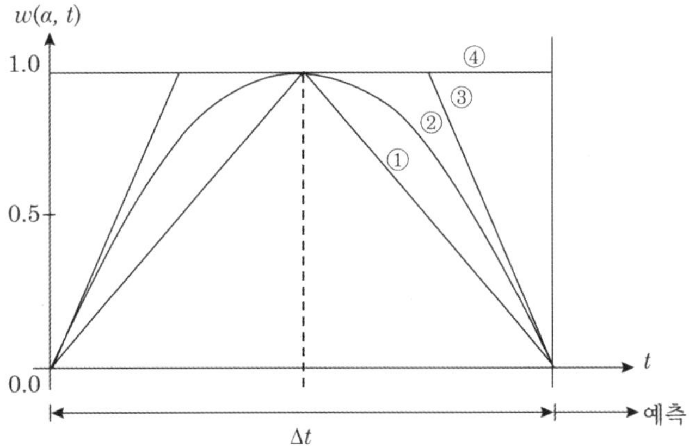

그림 9.6 관측 자료 넛징의 예.
관측 자료를 찔러 넣기 구간에 적용 가능한 여러 패턴의 $w(\alpha, t)$를 보인다. 방법 ③은 방법 ①과 ②보다도 관측 자료를 더 강조한다. 방법 ④는 관측 자료만 입력한 것이다.

관측값이 점진적으로 모델에 입력되는 역할을 하도록 정한다. 따라서 찔러 넣는 시간 동안 관측 자료의 영향이 0에서 시작하여 점차 증가하고 다시 감소하여 0으로 끝나는 방법이 주로 적용된다(그림 9.6). 넛징 계수는 시간뿐만 아니라 변수의 함수이기도 하다. 따라서 다양한 종류의 많은 관측 자료를 같은 넛징 계수를 동시에 입력하거나 변수별로 다른 넛징 계수를 입력하여 모델 변수와 관측 자료 사이에 상호 적용시킬 수 있다는 장점이 있다.

6) 감쇠 방법

이 방법은 수치모델의 초기 자료 또는 적분 과정에서 생성되는 중력파를 포함하는 많은 잡음을 직접 줄이는 방법이다. 즉, 수치모델의 고주파 모드를 선택적으로 감소시키는 방법이다. Euler-후방 방안은 중력파와 잡음 같은 작은 파동을 직접 제거하여 감쇠 효과가 큰 유한차분 방정식이다. 이류방정식에 적용한 Euler-후방 방안은

$$u_m^{*(n+1)} = u_m^n + c\frac{\Delta t}{2\Delta x}\left(u_{m+1}^n - u_{m-1}^n\right)$$

$$u_m^{(n+1)} = u_m^n + c\frac{\Delta t}{2\Delta x}\left(u_{m+1}^{*(n+1)} - u_{m-1}^{*(n+1)}\right) \tag{9.19}$$

이다. Euler-후방 방안은 1단계 시간 스텝에서 전방 차분을 사용하고, 2단계 시간 스텝에서 후방 차분을 사용하지만 1단계에서 구한 값을 사용하므로 연립방정식을 풀 필요는 없다. 2단계의 시간 계산으로 인해 전체 계산량이 약 두 배로 증가하지만 잡음을 제거하는 감쇠 효과가 커서 적용이 간편할 수 있다.

감쇠 효과를 적용하는 또 다른 방법은 운동방정식에 감쇠 확산항, $\nu\nabla(\nabla\cdot\vec{V})$ 또는 $\nu\nabla\cdot\vec{V}$를 직접 첨가하여 수치모델을 적분하는 과정에서 계속 발생하는 잡음 또는 작은 파동들을 즉시 제거하는 것이다. 여기서 ν는 확산계수이며 제거할 파동을 고려하여 격자점의 개수 또는 파수에 따라 결정한다. 보통 확산계수는 $\nu = 2.5\times10^8 m^2 s^{-1}$ 정도다.

7) 자료의 평활과 여과

자료를 분석하는 과정에서 필요한 규모의 자료만을 추출하거나 원하지 않는 규모의 자료를 제거하는 방법으로 평활(Smoothing)과 여과(Filtering) 방법을 사용한다. 이 방법에는 시계열 자료에 많이 적용하는 이동평균(Moving Average)이 이용된다. 필요에 따라 자료의 성격에 맞게 이동평균에 가중치를 부여하기도 한다. 이동평균을 하는 여과 방법은 주어진 각 격자점 자료를 정해진 스팬 내에서 주변 점들의 자료와 평균하여 각 격자점 값으로 하고 평균하여 남은 자료는 제거한다. 스팬에서 격자점에 적용하는 연산자를 여과 연산자(Filtering Operator)라고 한다.

여과 연산자를 사용한 평활은 이동평균 방법의 한 유형으로, 여과 후 얻은 결과는 저역 여과(Low-Pass Filter)라 한다. 여과 연산자에 의해 평활된 격자점 값은

$$\overline{f_i} = \frac{1}{2N+1}(f_{i+N} + f_{i+(N-1)} + \cdots + f_{i-(N-1)} + f_{i-N}) \tag{9.20}$$

이다. 식 (9.20)의 $\overline{f_i}$는 i번째 격자점을 평활한 값이고, N은 $\overline{f_i}$의 한쪽 스팬 격자점들의 수이며, $2N+1$은 평활하기 위해 사용되는 격자점 전체의 스팬 길이다. 따라서 $i=1, \cdots, N$은 사용이 가능한 격자점 인덱스다. 스팬 길이는 홀수로 설정되고, 중심 격자점을 기준으로 양쪽에 위치한 격자점들이 비율에 따라 포함되어 평활되며, 스팬이 적용되지 않는 끝점들은 평활이 이루어지지 않는다. 식 (9.20)에 스팬 길이

0, 1, 2 등을 적용한 이동평균 여과의 평활된 점들의 예는 다음과 같다.

$$\overline{f_1} = f_1$$

$$\overline{f_2} = \frac{1}{3}(f_1 + f_2 + f_3)$$

$$\overline{f_3} = \frac{1}{5}(f_1 + f_2 + f_3 + f_4 + f_5)$$

$$\overline{f_4} = \cdots\cdots$$

수치모델을 적분하는 과정에서 소규모 파동들은 가짜 파로 성장한다. 스펙트럼 모델은 절단 오차를 통해 일정 규모 이하의 파동을 자동으로 제거한다. 유한차분 모델은 명시적 또는 암시적 확산 항을 추가하여 작은 파동을 확산시킨다. 일반적으로 식 (9.20)은 명시적 평활 방법을 적용하여 자료의 소규모 파동을 제거(여과)하고 원하는 주요 파동을 유지한다.

명시적 평활 방법은 시계열 자료에서 의미가 있거나 관심 있는 현상의 시간 경향(Time Trend)을 추출하기 위해 많이 사용된다. 시간 경향의 스팬 길이에 따라 3점 연산자(3-Point Operator, N = 1), 5점 연산자 등을 적용하여 자료에 포함된 짧은 시간의 경향 또는 파동을 제거함으로써 원하는 파동의 시간적 경향을 얻는다.

주어진 시간 또는 공간 자료의 평활을 위해 주로 사용하는 1차원 3점 연산자는

$$\begin{aligned}\overline{f_i} &= (1-S)f_i + \frac{1}{2}S(f_{i+1} + f_{i-1}) \\ &= f_i + \frac{1}{2}S(f_{i+1} - 2f_i + f_{i-1})\end{aligned} \tag{9.21}$$

과 같이 표현된다. 식 (9.21)의 f는 자료 또는 변수, S는 상수, $i=1, \cdots, N$은 평활에 사용이 가능한 자료의 인덱스다. 대기 변수를 조화함수라고 가정하고 $f = A\,e^{ikx}$라 표현하자. A는 진폭, $k = \dfrac{2\pi}{L}$는 파수다. 함수 $f = A\,e^{ikx}$를 식 (9.21)에 대입하면

$$\overline{f_i} = R(S) \cdot A\,e^{ikx} \tag{9.22}$$

이 된다. 식 (9.22)의 $\overline{f}_i$는 평활된 자료 또는 변수이고 진폭 $R(S)\cdot A$의 값이 변화되었을 뿐 원래 조화함수의 파수와 위상이 유지된다. 식 (9.22)의 반응함수(Response Function) $R(S)$는

$$R(S)=1-S[1-\cos(k\triangle x)]=1-2S\cdot\sin^2(\frac{1}{2}k\triangle x) \tag{9.23}$$

와 같이 표현된다. 평활된 값 $\overline{f}_i$는 평활 상수 S와 파수 k의 함수다. 반응함수의 평활 상수 S는 파수와 위상에 영향을 끼치지 않는다. 그러나 양의 반응함수 $R(S)$는 원래 조화함수의 진폭에만 영향을 주며, $R>1$의 경우 진폭이 증폭하고, $R<1$의 경우 진폭이 감소한다.

평활을 적용할 영역이 넓어질수록 평활된 함수의 영역 내 평균값은 원함수의 값과 같아진다. 이는 평활 과정에서 전체적인 함수의 값이 손실 없이 보존된다는 것을 의미한다. 즉, 한 점에서 평활이 이루어지면 그 점은 평활이 되고 남은 값이 주변의 점들로 이동하기 때문이다. 이를 간단히 증명할 수 있다. 영역 $i=-N,\cdots,-1,0,1,\cdots,N$에서 식 (9.21)을 표현하면,

$$\begin{aligned}\frac{1}{2N+1}\sum_{i=-N}^{N}\overline{f}_i&=\frac{1}{2N+1}\sum_{i=-N}^{N}f_i+\frac{S}{2(2N+1)}\sum_{i=-N}^{N}(f_{i+1}-2f_i+f_{i-1})\\&=\frac{1}{2N+1}\sum_{i=-N}^{N}f_i+\frac{S}{2(2N+1)}(f_{N+1}-f_N-f_{-N}+f_{-N-1})\end{aligned} \tag{9.24}$$

이 된다. 만일 식 (9.24)에서 $N>\infty$이면(영역을 무한히 넓히면) 오른편 두 번째 항은 0에 접근한다. 그 이유는 $N\rightarrow\infty$이면 f_{N+1}과 f_N은 거의 같고, f_{-N}과 f_{-N-1}도 거의 비슷하기 때문이다.

일반화된 평활의 반응함수는

$$R_n^m(k)=[1-\sin^{2n}(\frac{1}{2}k\triangle x)]^m \tag{9.25}$$

이라고 표현된다. 식 (9.25)의 n은 평활을 적용할 횟수(여과 효과)이고 m은 반복을 적용할 횟수(회복 효과)다. n이 증가하면 지속적 평활로 인해 진폭이 작아질 수밖

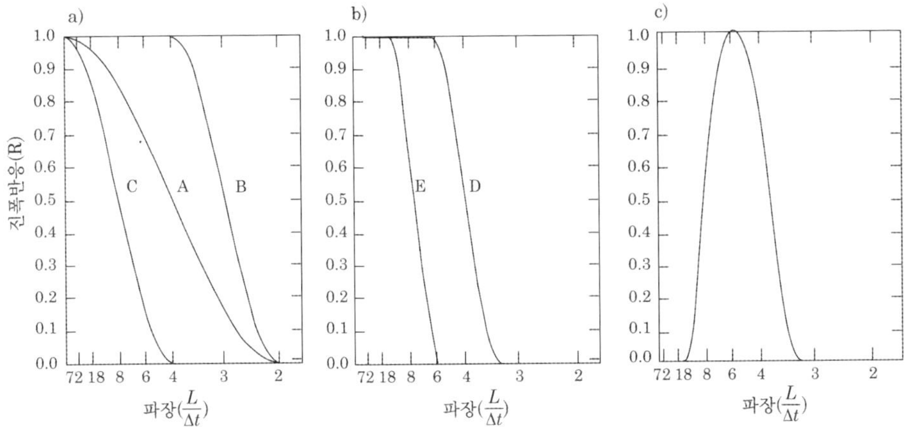

그림 9.7 1차원 여과로부터 얻은 진폭의 반응.
a) 여과 효과에 의한 저역 여과의 진폭 A와 C 그리고 반복 효과에 의해 진폭 C가 회복된 진폭 B, b) 저역 여과 C와 A에 각각 반복 효과를 적용하여 회복된 진폭 E와 D, c) 2개의 회복된 진폭 E와 D의 차이로 얻은 밴드역 여과를 보인다.

에 없다. 따라서 진폭을 회복하기 위해서는 m값을 최대한 증가시킨다. 반응함수는 $2\triangle x$파를 제거하면서 파의 위상에는 영향을 주지 않는다. n을 적용한 뒤 남는 평활 결과를 저역 여과(Low-Pass Filter)라 한다. 2개의 서로 다른 저역 여과를 구한 후, 이 두 저역 여과의 차이로 얻어진 결과를 밴드역 여과(Band-Pass Filter)라 한다. 원래 값에서 저역 여과로 얻은 값을 뺀 것을 고역 여과(High-Pass Filter)라 한다. 그림 9.7은 여과로 얻은 진폭의 예들을 보인 것이다.

2차원(x, y) 자료에 대해 식 (9.21)의 1차원 3점 연산자를 x-방향으로 적용하여 평활한 후 y-방향으로 적용하여 2차원(x, y) 자료도 1차원 연산자를 사용하여 평활할 수 있다.

제3절 | 변분 자료동화

1) 비용함수

변분 분석 방법은 수치예보 모델에 적용하기에는 실용적이지 않다. 따라서 이에 대한 현실적인 대안으로 도입된 것이 비용함수(Cost Function)를 활용한 방법이다. 이 방법은 배경 자료(초기 추정 자료)와 분석 자료를 각각 관측 자료로부터의 차이를 측정하여 이 두 차이가 부적합(Misfit)이라고 표현되는 비용함수를 정의하고 이를 최적화하여 분석 자료를 구하는 방법으로서 변분 자료동화(Variational Data Assimilation)라 한다.

비용함수를 적용하여 분석된 변수 x^a를 얻기 위해 비용함수의 최적화 과정은 변수 x와 변수의 배경 자료 x^b 사이의 거리를, 그리고 변수 x와 관측 자료 x^o 사이의 거리를 각각 정의한다. 이때 x와 배경 자료 x^b 사이의 거리는 배경 자료 오차 공분산의 역으로 가중하고, x와 관측 자료 x^o 사이의 거리는 관측 자료 오차 공분산의 역으로 가중한다.

여기서 비용함수를 표현하는 데 편의상 1차원 변수 x를 사용한다. 비용함수 $J(x)$는 변수 x의 함수이고 변수 x와 변수의 배경 자료 x^b 사이의 거리를, 그리고 변수 x와 관측 자료 x^o 사이의 거리를 서로 합한 값으로 정의한다. 따라서 비용함수는

$$2J(x) = (x - x^b)^T B^{-1}(x - x^b) + (x - x^o)^T R^{-1}(x - x^o) \tag{9.26}$$

또는

$$J(x) = \frac{1}{2}(x - x^b)^T B^{-1}(x - x^b) + \frac{1}{2}\sum_{i=1}^{n}(x - x^o)^T R^{-1}(x - x^o) \tag{9.27}$$

과 같이 표현할 수 있다. 식 (9.26)과 식 (9.27)의 B^{-1}은 x와 x^b 사이의 거리를 배경 자료 오차 공분산의 역으로 표현하고, R^{-1}은 x와 x^o 사이의 거리를 관측 자료 오차 공분산의 역으로 표현한 것이다. 식 (9.27)의 $i = 1, 2, \cdots, n$은 관측 자료 수의 인덱스다. 식 (9.27)의 $J(x)$를 최적화하면 $\frac{\partial J}{\partial x} = 0$이고, $x = x^a$를 얻을 수

있다.

만일 $\frac{\partial J}{\partial x} = 0$일 때 분석된 자료 x는 근사적으로 참값(x^T)에 접근하고 관측 자료에도 접근한다고 가정하면, 관측 자료와의 차이를

$$(x - x^o) = (x^b + (x - x^b)) - x^o = -(x^o - x^b) + (x - x^b) \qquad (9.28)$$

와 같이 쓸 수 있다. 실제로 비용함수의 최적화는 반복 횟수가 최대가 되거나 비용함수의 최종 경도와 초기 경도 사이의 비율이 주어진 기준에 도달할 때 수렴한다(그림 9.8). 수치모델의 배경 오차는 수치모델이 가지는 편차, 즉 참값과 모델값의 차이 $x' = (x^b - x^T)$라고 추정한 배경 오차 공분산 $(\overline{x' x^T})$을 계산하여 사용한다.

3차원 변분 자료동화(3-Dimensional Variational Assimilation, 3DVAR)는 3차원 변수 $\tilde{x}(x_1, x_2, x_3)$를 사용하여 식 (9.26)을 3차원으로 확장하면 비용함수는

$$J(\tilde{x}) = \frac{1}{2}(\tilde{x} - \tilde{x}^b)^T \ \tilde{B}^{-1} \ (\tilde{x} - \tilde{x}^b) + \frac{1}{2}\sum_{i=1}^{n}(\tilde{x} - \tilde{x}^o)^T \ \tilde{R}^{-1} \ (\tilde{x} - \tilde{x}^o) \qquad (9.29)$$

이 된다. $\tilde{B}^{-1}$과 $\tilde{R}^{-1}$은 각각 3차원 배경 자료와 관측 자료의 오차 공분산의 역이다.

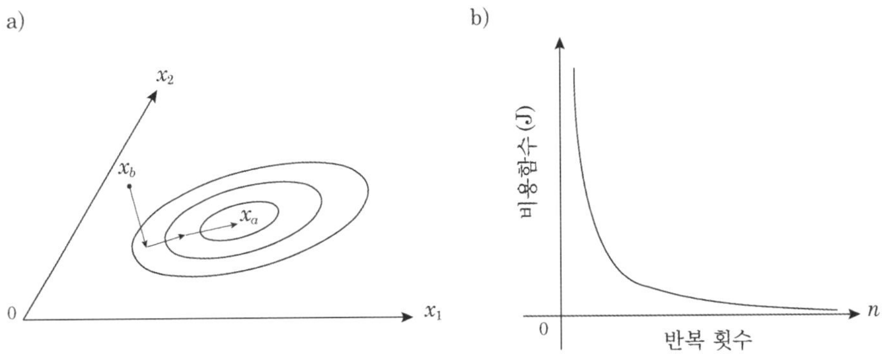

그림 9.8 비용함수의 최적화 과정과 반복 횟수.

a) (x_1, x_2) 좌표에서 배경값 x_b가 주변 관측값들을 사용하여 최적화되어 분석값 x_a에 도달한다. 여기서 관측값들은 표시하지 않았다. b) 최적화 과정의 반복 횟수(n)에 대한 비용함수(J)의 수렴을 나타낸다.

비용함수의 이해를 돕기 위해 간단한 예를 든다. σ를 오차의 분산(Variation)이라 하고, 2개의 온도 관측 자료 T_1과 T_2 그리고 각각의 온도 오차의 분산 σ_1^2과 $\sigma_2^2(\sigma_1 < \sigma_2)$을 가진다고 하면, 이 자료를 사용하여 변분 분석 방법으로 온도를 구하기 위해 분석온도 T의 비용함수를

$$J(T) = \frac{1}{2}\left(\frac{(T-T_1)^2}{\sigma_1^2} + \frac{(T-T_2)^2}{\sigma_2^2}\right) \tag{9.30}$$

이라고 쓸 수 있다. 여기서 T는 구해야 할 분석된 값이다. J를 최소화하기 위해 J를 T에 대해 미분하여 $\frac{\partial J}{\partial T} = 0$이 되도록 한 결과는

$$T = \left(\frac{\sigma_2^2}{\sigma_1^2 + \sigma_2^2}\right) T_1 + \left(\frac{\sigma_1^2}{\sigma_1^2 + \sigma_2^2}\right) T_2 \tag{9.31}$$

이 된다. 식 (9.31)은 분석된 값 T는 작은 오차 편차(σ_1)를 가진 관측 자료(T_1)가 큰 오차 편차(σ_2)를 가진 관측 자료(T_2)보다는 분석된 온도에 더 많이 가중된다는 것을 알 수 있다.

2) 4차원 변분 자료동화

4차원 변분 자료동화(4-Dimensional Variational Data Assimilation, 4DVAR)의 목적은 분석 시간대에서 모델의 초기 대기 상태를 얻기 위해 3차원 공간과 분석 시간 전후의 구간, 즉 동화창(Assimilation Window) 내의 가능한 모든 자료를 사용하는 것이다. 이때 사용되는 자료는 동화창 내의 모든 초기 추정 자료(배경 자료)와 관측 자료다. 식 (9.29)를 사용하여 관측 자료와 분석 자료 각각의 오차 공분산을 적용하여 관측 자료와 분석 자료 사이의 부적합 차이로 표현되는 비용함수를 구한다. 이 비용함수를 최적화하면 동화창 내 분석 시간의 참값에 가장 근접할 것이라 기대하는 것이다.

간단히 설명하기 위해 x_a는 구하려는 분석장(Analysis Field), x_b는 배경장(Background Field), x_o는 관측장(Observation Field)이라고 한다. J_b는 배경장과 분석장 사이의 비용함수이고 J_o는 관측장과 분석장 사이의 비용함수다. 4DVAR

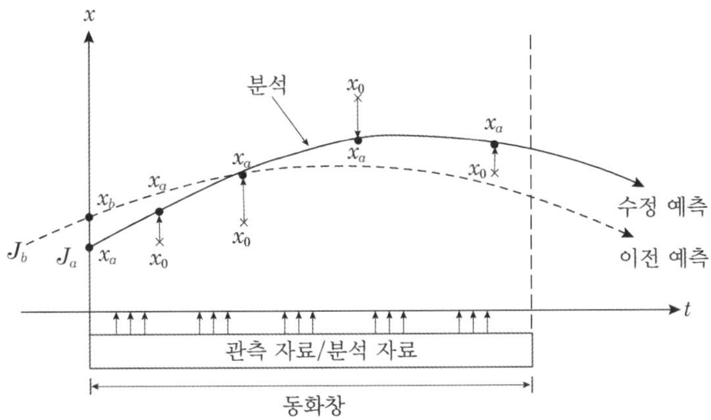

그림 9.9 4DVAR의 동화창 내 시공간(x, t) 최적화 과정.
x_b는 배경장, x_a는 분석장, x_o는 관측장이다. J_b는 비용함수로서 배경장과 분석장 사이의 부적합(Misfit)의 척도다. J_o는 비용함수로서 관측장과 분석장 사이의 비적응 척도다. J_a는 $J_b + J_o$이다. X는 관측장. 점선은 이전 시간의 예측, 실선은 현재 시간의 자료동화에서 수정된 예측이다.

는 동화창 내의 모든 관측 자료를 사용해 J_b를 따라가면서 J_o를 최적화하여 x_a를 얻는 방법이다. 이 과정은 분석 시간 동안 수치모델 역학계의 역학적 통제(Dynamical Constraint)에 의존한다. 4DVAR를 그림 9.9에 보인다.

3) 접선 선형모델과 수반모델

수치모델의 방정식은 대부분 비선형이다. 접선 선형모델(Tangent Linear Model)은 수치모델 방정식에서 비선형 관계가 제거되어 선형 관계식으로 구성된 모델로서 4DVAR 과정에 사용된다. 선형모델을 설명하기 위해 변수 $x(t)$의 1차원 수치모델 방정식을

$$\frac{\partial x}{\partial t} = F(x) \tag{9.32}$$

라고 한다. 식 (9.32)의 $F(x)$는 방정식 식 (2.1)~식 (2.7)의 시간 변화율을 제외한 다른 모든 항을 포함한 것이다. 초기시간 t_0에서 시작하여 수치모델 방정식인 식 (9.32)를 적분하여 얻은 수치해를

$$x(t) = M[x(t_0)] \tag{9.33}$$

이라 한다. $x(t)$는 식 (9.33)을 수치 방법으로 시간 t_0와 시간 t 사이를 적분하여 얻은 해이고, $M(x)$는 적용한 수치 방안(Numerical Scheme)을 의미한다. 함수 x가 초기시간에 오차를 포함한다고 가정하고 초기조건의 편차 $\delta x(t_0)$에서 2승 차수 $O[(\delta x(t_0))^2]$ 이상을 무시한다고 하면, $x(t)+\delta x(t) = M[x(t_0)+\delta x(t_0)]$을 포함한 식 (9.33)은 선형 방정식이 된다. 즉,

$$\begin{aligned} x(t) + \delta x(t) &= M[x(t_0) + \delta x(t_0)] \\ &\approx M[x(t_0)] + \frac{\partial M}{\partial x}\delta x(t_0) \end{aligned} \tag{9.34}$$

가 된다. 따라서 식 (9.34)는 $O[(\delta x(t_0))^2]$을 무시한 근사이며 t시간의 편차가

$$\delta x(t) = \frac{\partial M}{\partial x}\delta x(t_0) = L \cdot \delta x(t_0) \tag{9.35}$$

이라는 의미가 된다. 식 (9.35)의 $L = \dfrac{\partial M}{\partial x}$은 자코비안(Jacobian)이며 접선 선형모델이 된다. 여기서 L(접선)은 $L(t_0, t)$이라는 의미다. 식 (9.35)는 초기의 편차 $\delta x(t_0)$가 t시간 후에 선형 방정식의 접선 L에 의해 선형적으로 진화한 것이다. 접선 선형모델의 치환(Transpose) L^T은 수반모델(Adjoint Model)이 된다. 참고로 함수 x가 2차원(x_1, x_2)의 경우 접선은 $L = \begin{pmatrix} \dfrac{\partial M_1}{\partial x_1} & \dfrac{\partial M_1}{\partial x_2} \\ \dfrac{\partial M_2}{\partial x_1} & \dfrac{\partial M_2}{\partial x_2} \end{pmatrix}$이 된다. 이 수반모델은 변분 자료동화의 비용함수와 연계된다.

초기시간의 비용함수는

$$J[x(t_0)] = \frac{1}{2}\sum_{i=1}^{n}[x(t_i) - x_i^o]^T R_i^{-1}[x(t_i) - x_i^o] \tag{9.36}$$

와 같이 표현할 수 있다. 식 (9.36)의 R_i^{-1}은 시간 t_i $(i = 1, \cdots, n)$에서 관측 자료 공분산의 역이다. 초기조건 $x(t_0)$를 통제변수(Control Variable)로 선택하면 통제

변수 $x(t_0)$가 초기시간에 작은 양의 변화로서 $\delta x(t_0)$일 때 비용함수의 변화는

$$\begin{aligned} \delta J(t_0) &= J[x(t_0) + \delta x(t_0)] - J[x(t_0)] \\ &\approx [\frac{\delta J}{\delta x(t_0)}]^T \cdot \delta x(t_0) \\ &= L \cdot \delta x(t_0) \end{aligned} \tag{9.37}$$

가 된다. 따라서 시간 t_i에서 증분 $\delta x(t_i)$는

$$\delta x(t_i) = L(t_0, t_i) \cdot \delta x(t_0) \tag{9.38}$$

가 된다. 식 (9.35)와 식 (9.37)을 비교하면 L은 시간 t에서 변수 증분의 선형 수치 모델이고, L의 치환 L^T는 시간 t_0에서 비용함수 증분의 수반모델이 되는 것을 알 수 있다.

통제변수 $x(t_0)$에 대한 비용함수의 변화, 즉 $L^T = \dfrac{\delta J}{\delta x(t_0)}$는 4DVAR에서 비용함수의 경도를 계산할 때 관측 자료의 증분이 수반모델의 강제력이 된다. 즉, 수반모델을 구하여 관측 자료의 증분으로부터 4DVAR의 비용함수 변화를 계산한다. 그림 9.9는 이 관계를 이해하는 데 도움을 준다. Roger Daley는 4DVAR를 이해하기 위해 접선모델과 수반모델을 간단한 1차원 진동방정식 $\dfrac{\partial u}{\partial t} + i\sigma u = 0$, $i = \sqrt{-1}$에 적용하여 설명하였는데 이 과정을 부록 VII에서 소개하였다.

접선 선형모델과 수반모델의 관계는 내적(Inner Product)으로부터 유래한다. 선형 공간(Linear Space)의 모든 x와 y에 대하여 $< y, Lx > = < L^* y, x >$이면, L^*는 L의 접선(Adjoint)이다. 그러면 L 또한 L^*의 접선이다. 그리고 $L^* = L^T$를 알면 식 (9.35)와 식 (9.37)의 관계를 이해하는 데 도움이 된다.

제4절 | 대기의 예측성

수치모델의 한계성과 초기 자료의 오차로 인해 수치모델의 예측에 한계가 있으나 날씨의 예측성은 지속적으로 향상되어 왔다. 지구의 대기는 지면의 비균일한 가열로 인해 불안정해지고, 이러한 불안정이 다시 해소되어 안정한 대기가 되는 과정을 반복한다. 따라서 불안정한 지구 대기의 역학계는 본질적으로 예측성이 유한할 수밖에 없다. 주기성이 있는 안정한 대기의 역학계에서는 멀리 떨어진 2개의 초기 상태로 출발하더라도 결국 서로 비슷한 상태에 도달한다. 하지만 불안정한 대기의 역학계에서는 아주 비슷한 2개의 초기 상태로 출발하더라도 결국 서로 다른 상태로 멀어진다.

예측성을 설명하기 위해 간단한 예로 비선형 2차 방정식을 사용한다. 2차 방정식 $y = ax^2 + bx$의 변수 y는 변수 x와 상수 a와 b의 함수인데, x^2 인자로 인해 비선형 방정식으로서 주어진 상수 a, b의 값과 x의 값에 따라 결정된다. 그 결정된 y값을 다시 $ax^2 + bx$의 x에 넣고 y값을 결정하는 과정을 반복한다면 이 방정식은

$$x^{(n+1)} = a\,(x^2)^{(n)} + b\,x^{(n)} \tag{9.39}$$

이라는 반복 방정식으로 표현할 수 있다. 식 (9.39)의 n은 반복 횟수이고, y를 $x^{(n+1)}$이라고 표현한 것이다. 변수 x는 대기의 변수(예: 온도 등)이고, 상수 a, b는 대기의 상태를 나타내는 파라미터(예: 대류, 마찰 등)라고 가정하면 식 (9.39)는 대기의 역학계를 나타내는 아주 간단한 방정식이라 할 수 있다.

식 (9.39)에서 임의 초깃값 $x^{(1)}$과 파라미터 a, b의 값을 입력하여 $x^{(2)}$을 계산한다. 초깃값 $x^{(1)}$과 파라미터 a, b의 값들에 소수점 셋째 자리 이하에서 차이가 나는 값을 주고 $x^{(n+1)}$을 계속하여 계산한 경우, 어느 반복 횟수(n)까지는 서로 비슷한 결과가 나타나지만 그 이후는 아주 다른 결과가 나타난다(그림 9.10). 비슷한 결과까지는 예측이 가능한 한계라 할 수 있지만, 그 이후에는 예측성이 없다고 할 수 있다. 이 결과는 대기를 표현하는 비선형 수치모델이 완전하지 않고, 또 수치모델의 초기 입력 자료가 정확하지 않으면 수치모델의 예측에는 한계가 있음을 의미한다.

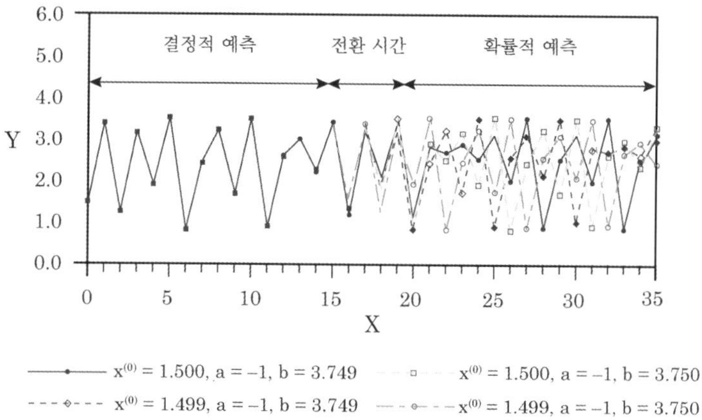

그림 9.10 수치모델의 오차에 따른 예측성.
방정식 $x^{(n+1)} = a(x^2)^{(n)} + bx^{(n)}$의 계산에서 a) 경우 1: $x^{(0)} = 1.500,\ a = -1.000,\ b = 3.750$, b) 경우 2: $x^{(0)} = 1.500,\ a = -1.000,\ b = 3.749$, c) 경우 3: $x^{(0)} = 1.499,\ a = -1{,}000,\ b = 3{,}750$, d) 경우 4: $x^{(0)} = 1.499,\ a = -1.000,\ b = 3.749$의 계산 결과다. 확률적 예측 구간의 진폭은 실제로 아주 큰데 그림에서서는 표현상 진폭을 일정하게 조정했다.

다시 말하면 수치모델이 불완전하고 수치모델에 입력한 자료가 정확하지 않으면 수치모델의 예측성은 한계가 있으며, 대기 상태가 불안정한 경우에는 예측성이 더욱 떨어지게 된다.

대기의 예측성을 잘 설명한 Lorenz 모델은 Lorenz 방정식으로 알려진 3개의 미분방정식계로 구성된다. 이 방정식계는 3차원 균질한 유체층으로 구축되고 유체층 아래는 가열되고 그 위는 냉각되도록 표현된다. 이 유체층에서 3개의 변수 $x(t), y(t), z(t)$가 시간에 따라 변화하는 유체 운동이라면 Lorenz 방정식은

$$\frac{dx}{dt} = \sigma(y - x)$$

$$\frac{dy}{dt} = x(\rho - z) - y$$

$$\frac{dz}{dt} = xy - \beta z \tag{9.40}$$

이라고 표현된다. 식 (9.40)의 x는 연직 대류의 변화에 비례하고, y는 수평 온도의 변화에 비례하며, z는 연직성분 온도의 변화에 비례한다. 3개의 파라미터

σ, ρ, β는 각각 프란틀 수(Prandtl Number), 레일리 수(Rayleigh Number), 유체층의 물리적 차원이다. Lorenz 역학계는 비선형적이고 비주기적이며, 결정적인 3차원의 해를 가진다. 이 역학계는 안정한 대기 조건에서는 초기에 서로 멀리 떨어진 두 점이 어느 정도 시간이 지나면 서로 가까워진다. 그러나 불안정한 대기 조건에서는 서로 가까운 두 점이라도 어느 정도 시간이 지나면 서로 멀어지기 시작한다. 안정한 대기 상태에서는 예측성이 존재할 수 있고, 불안정한 대기 상태에서는 예측성이 존재하지 않으며 혼돈(Chaos) 현상이 나타날 수 있다.

대기 수치예보 모델이 가지는 예측 숙련도(Skill)는 초기조건이 정확하고 수치모델이 완전하더라도 대기 흐름의 안정성에 따라 제한을 받을 수 있다. Lorenz 방정식에서와 같이 실제 지구의 대기는 지표면의 가열 불균등에 의한 불안정한 비선형 역학계로 구성되어 유한한 예측성을 가진다. 대기의 불안정성으로 인해 예측 모델의 오차가 커지면 일정 시간이 지난 후에는 수치모델의 예측 숙련도를 거의 상실하게 된다. Edward Lorenz는 기상 관측 자료를 분석한 연구에서 날씨 예측성의 한계가 약 10일에서 2주 정도라고 제시하였다.

수치예보 모델의 오차 한계는 초기조건의 불확실성으로 표현하는 섭동을 앙상블 멤버(Ensemble Member)로 구성하고 각각의 예측 결과를 평균한 앙상블 예측 방법으로 설명될 수 있다. 앙상블 예측의 결과는 짧은 예측 시간 동안 서로 유사하여 결정적 예측(Deterministic Forecasts)과 비슷하다. 그러나 결정적 예측 시간을 지나면 예측이 가능할 것처럼 보이는 경우라도 예측 결과는 크게 달라지며, 결국 혼돈을 포함하는 확률적 예측(Stochastic Forecasts)에 이른다. 그림 9.10은 결정적 예측 구간, 예측 전환 시간(Transition Time) 구간, 확률적 예측 구간을 보여 준다. 전환 시간은 결정적 예측 구간과 확률적 예측 구간 사이의 간격으로 짧다. 대기에서 결정적 예측 시간은 대규모 운동계에서 대략 2~3일, 뇌우와 같은 중규모 운동계에는 수 시간 정도로 알려져 있다. 관측 자료의 수와 정확성이 증가하고 수치모델이 발전함에 따라 결정적 예측 시간이 점차 길어지는 경향이 있지만, 비선형이 강한 대규모 운동계에서는 강수 예측의 결정적 예측 시간은 훨씬 짧다.

앙상블 예측은 개별 예측 결과보다 더 높은 정확성을 보이며, 결정적 예측 시간이 지나도 예측성이 유지될 것을 기대할 수 있다. 그 이유는 앙상블 평균이 불확실한 예측 요소들을 더 제거할 수 있기 때문이다. 앙상블 예측 방법의 하나인 시간지연

평균 예측(Time-Lagged Average Forecast) 방법은 현재 초기시간 $t=0$과 전 시간 $t=-\tau,\ -2\tau,\ \cdots,\ -(N-1)\tau$에서 초기화한 예측이 각각 앙상블 예측의 멤버로 구성되고, 그 예측 결과들의 예측 오차로부터 섭동을 구하여 초기 자료를 만들어 예측하고 그 결과를 앙상블 평균하는 방법이다. 이때 각각의 예측들이 서로 다른 전 시간의 예측으로 구성되었으므로 각 예측 오차를 적용하여 예측 결과들에 가중평균을 할 수도 있다. 전구 수치모델 예측에서 이러한 시간 차이 τ를 보통 $6h$, $12h$ 등의 간격으로 사용한다.

연습문제

1) 통계 내삽법의 식 $f_g^A = f_g^p + \sum_{i=1}^{n} p_i (f_i^{obs} - f_i^p)$과 식 $E = \overline{(f_i^{obs} - f_i^p)^2}$이 식 $\sum_{i=1}^{n} (\overline{\nabla f_i \nabla f_k} + \overline{\Delta f_i \Delta f_k}) p_i = (\overline{\nabla f_g \nabla f_k})$가 됨을 유도하시오.

2) 미분방정식 $\frac{du}{dt} - F(u) = 0$을 역학적 초기화하는 한 방법으로서 다음 세 단계를 거친다.

1단계(전방 차분) : $u_a = u_{n-1} + F(u_{n-1}) \Delta t$
2단계(후방 차분) : $u_b = u_a - F(u_a) \Delta t$
3단계(평균) : $u_n = 3 u_{n-1} - 2 u_b$

함수 $F(u) = -i\omega u$라고 놓으면 진동방정식 $\frac{du}{dt} = -i\omega u$가 되고 그 해는 $u(t) = u(0) e^{-i\omega t}$이다. 여기서 ω는 주파수다. 역학 초기화를 거친 u_n과 u_{n-1}의 비 $R = \frac{u_n}{u_{n-1}}$을 계산하시오. R과 $\omega \Delta t$의 관계를 그림으로 표현하시오.

3) 본문 식 (9.18) $\frac{\partial \alpha}{\partial t} = F + w(\alpha, t)(\alpha^{(obs)} - \alpha)$은 넛징 방법이다. 여기서 F는 0, 그리고 $w(\alpha, t)$를 상수라고 하면 식 (9.18)은 간단히 $\frac{\partial \alpha}{\partial t} = w(\alpha^{(obs)} - \alpha)$이 된다. 이 미분방정식을 푼 후, 그 결과에서 시간이 증가하면 α는 $\alpha^{(obs)}$에 접근함을 보이시오. 여기서 F는 대기 방정식계에서 α의 시간 변화율 외의 모든 항, $\alpha^{(obs)}$는 관측 자료, $w(\alpha, t)$는 계수다.

4) 함수 $F(x) = F_1(x) + F_2(x) + F_3(x)$, $F_i = A_i \cos(\frac{2\pi}{\lambda_i}(x - d_i))$, $i = 1, 2, 3$의 반응함수(Response Function)를 구하고자 한다. 이 함수의 진폭 A_1, A_2,

A_3는 각각 5, 2, 1이고, 파장 λ_1, λ_2, λ_3는 각각 $\pi(72\triangle x)$, $\frac{\pi}{5}(14.4\triangle x)$, $\frac{\pi}{12}(6\triangle x)$이며, 위상 d_1, d_2, d_3는 각각 $0, \frac{\pi}{4}, \frac{\pi}{8}$이다. 함수 $F(x)$는 주기 함수로서 한 위도 영역 2π 라디안(Radian)에는 144개의 격자점이 있으며 파장 $72\triangle x$, $14.4\triangle x$, $5\triangle x$는 각각 파수 2, 10, 24에 해당한다. 반응함수를 구하는 식 $R_n^m(k) = [1 - \sin^{2n}(\frac{1}{2}k\triangle x)]^m$을 사용하여 $n = 2$, $m = 4000$의 경우 R_2^{4000}을, 그리고 $n = 4$, $m = 1000$의 경우 R_4^{1000}을, 그리고 $n = 8$, $m = 100$의 경우 R_8^{100}을 각각 계산하시오. 각각의 저역 여과를 구축하시오. $(R_4^{1000} - R_2^{4000})$과 $(R_8^{100} - R_4^{1000})$을 계산하고 밴드역 여과를 구축하시오. 저역 여과 R_2^{4000}을 사용하여 원함수 $F(x)$로부터 고역 여과를 구축하시오.

5) 관측 온도 16.5℃, 17.0℃가 있고, 각 관측 온도 오차의 분산은 각각 0.9℃, 1.0℃이다. 변분 자료동화 방법을 사용하여 이 두 관측 온도로부터 분석된 온도를 구하시오.

6) 확률론적 날씨예보를 위해 최근 널리 활용되고 있는 앙상블 방법의 장단점을 설명하시오.

부록

I. Lewis Fry Richardson의 최초 날씨예측 계산

Richardson은 날씨를 예측하기 위해 '거의 완전한 대기역학 방정식계'(식 2.1~2.8)를 사용하였다. 동서, 남북, 연직 방향의 거리 및 시간(x, y, z, t)의 4개 독립변수를 직교좌표계에서 동서, 남북, 연직 성분 속도(u, v, w), 기압(p), 온도(T), 밀도(ρ), 수분(q)의 7개 종속변수를 사용하였다. Richardson은 처음에는 여덟 번째 종속변수로 공기 중의 먼지(Dust)를 고려하였으나 관측이 어렵고 구름의 형성 및 강수와의 정량적 관계를 표현하기 어려워 포함하지 않았다. 식 (2.1)~식 (2.8)의 방정식계에서 사용한 기호에 맞추어 작성한 Richardson 방정식계는

$$u_t + uu_x + vu_y + wu_z = -\frac{1}{\rho}p_x + (f + \frac{u\tan(\phi)}{a})v + 2\Omega w\cos(\phi) - \frac{vw}{a} + FX$$

$$v_t + uv_x + vv_y + wv_z = -\frac{1}{\rho}p_y - (f + \frac{u\tan(\phi)}{a})u + 2\Omega w\cos(\phi) - \frac{uw}{a} + FY$$

$$w_t + uw_x + vw_y + ww_z = -\frac{1}{\rho}p_z - g + \frac{u^2 + v^2}{a} + 2\Omega u\cos(\phi) + FZ$$

$$\rho_t + u\rho_x + v\rho_y + w\rho_z = -\rho(u_x + v_y + w_z) + \frac{v\tan(\phi)}{a}$$

$$T_t + uT_x + vT_y + wT_z - \frac{1}{\rho c_p}(p_t + up_x + vp_y + wp_z) = \frac{1}{\rho c_p}Q$$

$$q_t + uq_x + vq_y + wq_z = \frac{v\tan(\phi)}{a} + M$$

$$p = \rho RT$$

이다. 여기서 $f(=2\Omega\sin\phi)$는 코리올리 파라미터이고, $2\Omega w\cos(\phi)$, $2\Omega w\cos(\phi)$, $2\Omega u\cos(\phi)$는 각각 x, y, z 성분의 코리올리 힘이다. Richardson은 서유럽 지역의 12시간 기압 예측을 위해 연 6천 명을 동원해야 할 계산량을 약 3개월간 혼자서 지상 관측 기압자료를 초기 자료로 사용하여 계산하였다. 그는 거의 정확한 방정식계를 써서 엄청난 노력을 기울였음에도 불구하고 예측에는 성공하지 못하였다.

완전한 방정식계는 대기의 모든 파장을 포함하지만, 음파(에너지가 작은 파동), 계산 오차 등이 계산 과정에서 증폭되어 대규모 대기 파동보다 더 커질 수 있다. 이는 수치모델의 계산 안정성을 저해하고, Richardson의 12시간 기압계 예측 실패의 주요 원인으로 지적된 바 있다. 따라서 거의 모든 대기 수치모델에서는 적어도 음파를 완전히 제거하는 여과 방정식(Filtered Equation)을 사용한다.

II. 날씨예측에 적용된 ENIAC 컴퓨터

J. Charney, R. Fjørtoft, J. von Neumann은 1949년 ENIAC(Electronic Numerical Integrator and Computer) 컴퓨터에서 처음으로 순압 여과 모델(Barotropic Filtered Model)을 적용하여 48시간 날씨를 계산하였다. 당시 ENIAC은 연산 속도가 느려서 실제 48시간 예보를 계산하는 데 24시간 이상이 소요되었으나, 계산 결과는 실제 기상 변화와 비교적 잘 일치하여 수치적 방법으로도 날씨를 예측할 수 있다는 사실을 최초로 증명하였다. ENIAC은 1943년부터 3년에 걸쳐 1946년 2월 14일에 펜실베이니아 대학의 John W. Mauchly와 J. Presper Eckert가 제작한 전자 컴퓨터다. 1947년 7월 29일에 작동을 시작해 1955년 10월까지 활용되었으며, 현재는 스미스소니언 박물관과 펜실베이니아 대학이 분산해 보관하고 있다.

ENIAC은 폭 1*m*, 높이 2.5*m*, 길이 25*m*, 총중량 약 30여 톤의 기계로, 진공관 18,000여 개, 릴레이(전자계전기) 1,500여 개를 장착하고, 작동 전력 150*kW*였다. 현재와 같은 프로그램 기억 방식이 아니라 프로그램을 배선판에 일일이 배선하는 외부 프로그램 방식이다. 20개의 변수와 300개의 정수를 기억하는 메모리가 장착되었으며, 플로피 디스크 등과 같은 외부 기억장치는 없다.

III. 대기역학 여과 방정식계

1. 거의 완전한(Nearly Complete) 대기역학 방정식계

방정식을 표현하기 위해 시간(t), 공간(x, y, z)의 직교좌표계(z-좌표계, 고도 좌표계)를 사용한다. 닫힌계를 만족하기 위해 7개의 방정식은 세 방향의 운동방정식, 열역학방정식, 질량보존방정식, 수분보존방정식, 상태방정식을 사용한다. 이 방정식계가 '거의 완전한' 방정식계라는 의미는 아주 작은 연직성분 코리올리 힘을 무시하고 중력을 상수로 사용하기 때문이다. 이 방정식계는 대기 중의 음파를 포함하여 모든 파동을 해석할 수 있다. 아래 방정식들의 왼편은 종속변수의 총변화율을 나타내며, 수치모델의 방정식을 시간과 공간의 변화율로 분리하여 표현하는 것이 바람직하다. 편의상 함수 $u(x,y,z,t)$의 미분을 $u_t = \frac{\partial u}{\partial t}$, $u_x = \frac{\partial u}{\partial x}$, $u_{xx} = \frac{\partial^2 u}{\partial x^2}$, $u_{xy} = \frac{\partial^2 u}{\partial x \partial y}$ 등으로 표현한다. 고도 좌표계에서 수평성분(동서, 남북) 속도는 각각 $u = \frac{dx}{dt}$, $v = \frac{dy}{dt}$이고, 연직성분 속도는 $w = \frac{dz}{dt}$이다. 이 방정식계는 다음과 같다.

$$u_t + uu_x + vu_y + wu_z = -\frac{1}{\rho}p_x + (f + \frac{u\tan(\phi)}{a})v - \frac{uw}{a} + FX$$

$$v_t + uv_x + vv_y + wv_z = -\frac{1}{\rho}p_y - (f + \frac{u\tan(\phi)}{a})u - \frac{vw}{a} + FY$$

$$w_t + uw_x + vw_y + ww_z = -\frac{1}{\rho}p_z - g + \frac{u^2 + v^2}{a} + FZ$$

$$\rho_t + u\rho_x + v\rho_y + w\rho_z = -\rho(u_x + v_y + w_z)$$

$$T_t + uT_x + vT_y + wT_z - \frac{1}{\rho c_p}(p_t + up_x + vp_y + wp_z) = \frac{1}{\rho c_p}Q$$

$$[\theta_t + u\theta_x + v\theta_y + w\theta_z = \frac{\theta}{c_p \rho T}Q]$$

$$q_t + uq_x + vq_y + wq_z = M$$

$$p = \rho RT$$

$$\theta = T(\frac{p_0}{p})^{\frac{R}{c_p}}$$

여기서 u, v, w는 각각 동서, 남북, 연직 방향의 속도, T는 온도, p는 기압, ρ는 밀도, q는 수분, f는 코리올리 파라미터, ϕ는 위도, g는 중력가속도, a는 지구반경, *FX*, *FY*, *FZ*는 (x,y,z)성분의 마찰력, *Q*는 열원, *M*은 수증기원, θ는 온위, p_0는 기준기압(1,000hPa), R은 기체상수, c_p는 정압비열이다. 이 방정식계는 변수 (x, y, z)의 직교좌표계에서 대기를 표현하는 7개의 종속변수(u, v, w, p, T, ρ, q), 그리고 마찰력, 열원, 수증기원을 포함하는 7개 방정식으로 구성된 닫힌계다. 만일 종속변수를 온도 대신 온위로 표현하려면 닫힌계를 구성하기 위해 온위의 정의를 추가한다.

2. 비탄성(Anelastic) 역학 방정식계

이 방정식계는 연속방정식의 밀도가 국지적 공간 변화 또는 밀도(ρ)의 시간 변화를 무시한다. 즉, 밀도의 국지적 압축 및 팽창이 없다는 것이다. 따라서 연속방정식의 $\frac{\partial \rho}{\partial t} = 0$이 된다. 또 밀도를 공간의 평균장$(\rho_0)$과 그로부터의 편차$(p')$의 합으로 구성한다고 가정하고 평균장의 수평 방향의 변화가 없고 연직 방향의 변화만 있다고 가정하면 변수 $\rho = \rho_0(z) + p'(x,y,z)$, $T = T_0(z) + T'(x,y,z)$, $p = p_0(z) + p'(x,y,z)$가 된다. 이러한 가정을 적용한 비탄성 역학 방정식계는 다음과 같다.

$$u_t + uu_x + vu_y + wu_z = -\frac{1}{\rho_0(z)}p'_x + fv + FX$$

$$v_t + uv_x + vv_y + wv_z = -\frac{1}{\rho_0(z)}p'_y - fu + FY$$

$$w_t + uw_x + vw_y + ww_z = -\frac{1}{\rho_0(z)}p'_z - g(\frac{T'}{T_0(z)} - \frac{p'}{p_0(z)}) + FZ$$

$$w(\rho_0)_z = -\rho_0(u_x + v_y + w_z)$$

$$T'_t + uT'_x + vT'_y + w\theta_z = Q$$

$$q_t + uq_x + vq_y + wq_z = M$$

$$p = \rho RT$$

이다. 이 방정식계의 특징은 연속방정식이 평균장 밀도의 연직 변화율이 속도의 발산과 함께 진단 관계로 표현된다는 것이다. 따라서 밀도는 예단변수가 아니므로 비탄성 방정식계의 예단변수는 5개로 줄어든다.

3. 부시네스크(Boussinesq) 역학 방정식계

이 방정식계는 대기를 비압축성 기체로 가정한다. 하지만 열역학 제1법칙에서는 대기를 비압축성 기체로 가정하지 않는다. 따라서 질량보존방정식에서 속도의 발산이 0이 되어 간단한 진단방정식으로 표현된다. 예단변수는 5개다. 여기서 $\rho = \rho_0 + \rho'(x,y,z)$, $T = T_0 + T'(x,y,z)$, $p = p_0 + p'(x,y,z)$를 적용한다. 이 방정식계는 다음과 같다.

$$u_t + uu_x + vu_y + wu_z = -\frac{1}{\rho_0}p'_x + fv + FX$$

$$v_t + uv_x + vv_y + wv_z = -\frac{1}{\rho_0}p'_y - fu + FY$$

$$w_t + uw_x + vw_y + ww_z = -\frac{1}{\rho_0}p'_z - g\frac{T'}{T_0} + FZ$$

$$u_x + v_y + w_z = 0$$

$$T'_t + uT'_y + vT'_y + w\left(\frac{\partial T}{\partial z} + \Gamma\right) = Q$$

$$q_t + uq_x + vq_y + wq_z = M$$

$$p = \rho RT$$

4. 정역학(Hydrostatic) 방정식계

이 방정식계는 대기의 정역학 법칙을 적용한다. 따라서 운동방정식의 연직성분이 정역학 법칙에 의해 진단방정식으로 표현된다. 하지만 연직성분 속도가 0이 되는 것은 아니다. 이 방정식계를 압력좌표계(p-좌표계)에서 사용하면 연속방정식의 속도 발산이 0이 되므로 진단방정식으로 나타나는 장점이 있다. z-좌표계를 사용하면 예단변수가 5개이지만 p-좌표계를 사용하면 예단변수가 4개가 된다. 이 방정식계는 z-좌표계에서 다음과 같다.

$$u_t + uu_x + vu_y + wu_z = -\frac{1}{\rho}p_x + fv + FX$$

$$v_t + uv_x + vv_y + wv_z = -\frac{1}{\rho}p_y - fu + FY$$

$$p_z = \rho g$$

$$\rho_t + u\rho_x + v\rho_y + w\rho_z = -\rho(u_x + v_y + w_z)$$

$$T_t + uT_x + vT_y + wT_z - \frac{1}{\rho c_p}(p_t + up_x + vp_y + wp_z) = \frac{1}{\rho c_p}Q$$

$$(\theta_t + u\theta_x + v\theta_y + w\theta_z = \frac{\theta}{c_p \rho T}Q)$$

$$q_t + uq_x + vq_y + wq_z = M$$

$$p = \rho RT$$

$$\theta = T(\frac{p_0}{p})^{\frac{R}{c_p}}$$

압력좌표계(p-좌표계)에서 연직성분 속도는 $\omega \equiv \frac{dp}{dt}$이고 지오퍼텐셜 고도를 ϕ라 하면 이 방정식계는 다음과 같다.

$$u_t + uu_x + vu_y + \omega u_p = -\frac{1}{\rho}\phi_x + fv + FX$$

$$v_t + uv_x + vv_y + \omega v_p = -\frac{1}{\rho}\phi_y - fu + FY$$

$$\phi_p = -\frac{1}{\rho}$$

$$u_x + v_y + \omega_p = 0$$

$$T_t + uT_x + vT_y + (\frac{T}{\theta})\omega\theta_p = Q$$

$$q_t + uq_x + vq_y + \omega q_p = M$$

$$p = \rho RT$$

$$\theta = T(\frac{p_0}{p})^{\frac{R}{c_p}}$$

5. 준지균(Quasi-Geostrophic) 역학 방정식계

이 방정식계는 수평성분 속도를 수평성분 기압 경도력으로 결정하는 지균풍을 사용한다. 하지만 코리올리 힘은 지균풍을 사용하지 않는다. 따라서 이류항이 선형으로 표현되므로 선형 방정식계이다. 운동방정식에서 예단변수가 2개이다. 지균풍 $u_g = -\frac{1}{f_0}\phi_y$, $v_g = \frac{1}{f_0}\phi_x$를 정의하고, f_0는 상수다. p-좌표계를 사용하면 이 방정식계는 다음과 같다.

$$u_{gt} + u_g u_{gx} + v_g u_{gy} = -\phi_x + (f_0 + f_y y)v_g$$

$$v_{gt} + u_g v_{gx} + v_g v_{gy} = -\phi_y - (f_0 + f_y y)u_g$$

$$u_x + v_y + \omega_p = 0$$

$$T_t + u_g T_x + v_g T_y + (\frac{T\omega}{\theta})\theta_p = Q$$

$$q_t + u_g q_x + v_g q_y + \omega q_p = M$$

$$\theta = T(\frac{p_0}{p})^{\frac{R}{c_p}}$$

6. 순압(Barotropic) 역학 방정식계

이 방정식계는 모든 경압 성질과 수평 발산을 무시한다. p-좌표계를 사용하고 동서 및 남북성분 운동방정식에서 수평성분 기압 경도력을 제거하면 와도 방정식을 얻는다. 따라서 운동방정식에서 지오퍼텐셜 고도가 예단변수가 되는 하나의 방정식으로 바뀐다. 방정식계의 예단변수는 지오퍼텐셜 고도, 온도, 수분의 3개이며 수평성분 속도는 지오퍼텐셜 고도로부터 구한다. 와도 방정식은

$$\frac{1}{f_0}(\nabla^2\phi)_t - \frac{\phi_y}{f_0}(\nabla^2\phi)_x + \frac{\phi_x}{f_0}(\nabla^2\phi)_y + \beta\phi_x = 0$$

또는 $\zeta_t - \phi_y\zeta_x + \phi_x\zeta_y + \beta\phi_x = 0$

이다. 여기서 $\zeta = \frac{1}{f_0}\nabla^2\phi$, $\beta = \frac{df}{dy}$, f_0는 상수이고 $u = -\phi_y$, $v = \phi_x$이다. 그 외 방정식들은 다음과 같다.

$$\phi_p = -\frac{1}{\rho}$$

$$T_t + u_g T_x + v_g T_y + (\frac{T}{\theta})\omega\theta_p = Q$$

$$q_t + u_g q_x + v_g q_y + \omega q_p = M$$

$$\theta = T(\frac{p_0}{p})^{\frac{R}{c_p}}$$

이 방정식계는 대류권 전체가 $500hPa$을 중심으로 하나의 층인 순압대기의 수평 운동계에 적용된다.

Ⅳ. 와도 방정식의 보존성

순압 와도 방정식의 이류항을 3개 항으로 나누어 사용하여 보존성을 얻는다. 순압 와도 방정식을

$$\frac{\partial \zeta}{\partial t} = -u\frac{\partial \zeta}{\partial x} - v\frac{\partial \zeta}{\partial y}$$

$$\frac{\partial \zeta}{\partial t} = \frac{\partial \psi}{\partial y}\frac{\partial \zeta}{\partial x} - \frac{\partial \psi}{\partial x}\frac{\partial \zeta}{\partial y}$$

$$\frac{\partial \zeta}{\partial t} = -J(\psi, \zeta)$$

와 같이 3개로 표현한다. 여기서 ψ는 유선 함수이다. 속도를 유선 함수로 표현하면 $u = -\frac{\partial \psi}{\partial y}$, $v = \frac{\partial \psi}{\partial x}$ 이다. 3개의 와도 표현을 각각 다시 사용하면

$$-J(\psi, \zeta) = -\left(\frac{\partial \psi}{\partial x}\frac{\partial \zeta}{\partial y} - \frac{\partial \psi}{\partial y}\frac{\partial \zeta}{\partial x}\right)$$

$$-J(\psi, \zeta) = -\left(\frac{\partial}{\partial x}\left(\psi\frac{\partial \zeta}{\partial y}\right) - \frac{\partial}{\partial y}\left(\psi\frac{\partial \zeta}{\partial x}\right)\right)$$

$$-J(\psi, \zeta) = -\left(\frac{\partial}{\partial y}\left(\zeta\frac{\partial \psi}{\partial x}\right) - \frac{\partial}{\partial x}\left(\zeta\frac{\partial \psi}{\partial y}\right)\right)$$

가 되고, 따라서

$$\begin{aligned}-J(\psi, \zeta) = -\frac{1}{3}\Big[&\left(\frac{\partial \psi}{\partial x}\frac{\partial \zeta}{\partial y} - \frac{\partial \psi}{\partial y}\frac{\partial \zeta}{\partial x}\right) \\ &+\left(\frac{\partial}{\partial x}\left(\psi\frac{\partial \zeta}{\partial y}\right) - \frac{\partial}{\partial y}\left(\psi\frac{\partial \zeta}{\partial x}\right)\right) \\ &+\left(\frac{\partial}{\partial y}\left(\zeta\frac{\partial \psi}{\partial x}\right) - \frac{\partial}{\partial x}\left(\zeta\frac{\partial \psi}{\partial y}\right)\right)\Big]\end{aligned}$$

가 된다. 여기서 J를 Arakawa Jacobian이라고 한다. 와도가 보존되도록 와도의 제곱을 취하면

$$\zeta\times\frac{\partial\zeta}{\partial t}=\frac{\partial}{\partial t}(\frac{1}{2}\zeta^2)=-\zeta\times\frac{1}{3}\left[(\frac{\partial\psi}{\partial x}\frac{\partial\zeta}{\partial y}-\frac{\partial\psi}{\partial y}\frac{\partial\zeta}{\partial x})\right.$$

$$+(\frac{\partial}{\partial x}(\psi\frac{\partial\zeta}{\partial y})-\frac{\partial}{\partial y}(\psi\frac{\partial\zeta}{\partial x}))$$

$$\left.+(\frac{\partial}{\partial y}(\zeta\frac{\partial\psi}{\partial x})-\frac{\partial}{\partial x}(\zeta\frac{\partial\psi}{\partial y}))\right]$$

이 된다. 위 식을 적분하면 와도는 보존된다. 위 식의 오른쪽 항의 ζ과 ψ에 적절한 경계조건을 주면 0이 되고 와도의 제곱 ζ^2(엔스트로피, Enstrophy)이 보존된다. 계산 과정에서 변수의 보존성을 유지하기 위해 Arakawa Jacobian을 비선형 이류항에 적용한다.

V. 5개 형 엇갈림 격자 시스템

본문 6장 1절의 5개 형 엇갈림 격자 시스템(그림 6.4)의 수치해와 해석해 사이의 관계를 간단한 방정식을 통해 이해한다. 1차원 중력파 방정식(이류방정식), $\frac{\partial u}{\partial t}=-g\frac{\partial h}{\partial x}+fv$, $\frac{\partial v}{\partial t}=-fu$, $\frac{\partial h}{\partial t}=-H\frac{\partial u}{\partial x}$를 Arakawa 5개 형 엇갈림 격자 시스템으로 분류한 A, B, C, D, E형에 적용한다. 여기서 함수 $u(x,t), v(x,t)$, $h(x,t)$는 공간 1차원 함수다. 파동형의 해 $[u, v, h] = Re\left[\hat{u}, \hat{v}, \hat{h}\right]e^{i(kx-ct)}$을 가정하면 해석해는 $\left(\frac{\sigma}{f}\right)^2 = 1+gH\left(\frac{k}{f}\right)^2$이 된다. 여기서 위상속도는 $c=\frac{\sigma}{k}$이고 σ는 주파수이다. 5개 형 격자 시스템의 수치해는 $\left(\frac{\sigma}{f}\right)^2 = 1+4\left(\frac{\lambda}{d}\right)^2 \sin^2\left(\frac{kd}{2}\right)$이고 여기서 $\lambda=\frac{\sqrt{gH}}{f}$, d는 격자 간격이다. $2\triangle x$파는 $\frac{kd}{\pi}=1$, 즉 $kd=\pi(o \leq kd \leq \pi)$의 경우이고, $4\triangle x$파는 $\frac{kd}{\pi}=\frac{1}{2}$의 경우다. $4\triangle x$파보다 큰 파의 경우, B형, C형이 해석해에 더 근접한다. D형의 $2\triangle x$파는 정체한다. A, B, C, D, E형은 각각 그림 6.4의 i), ii), iii), iv), v)에 해당한다.

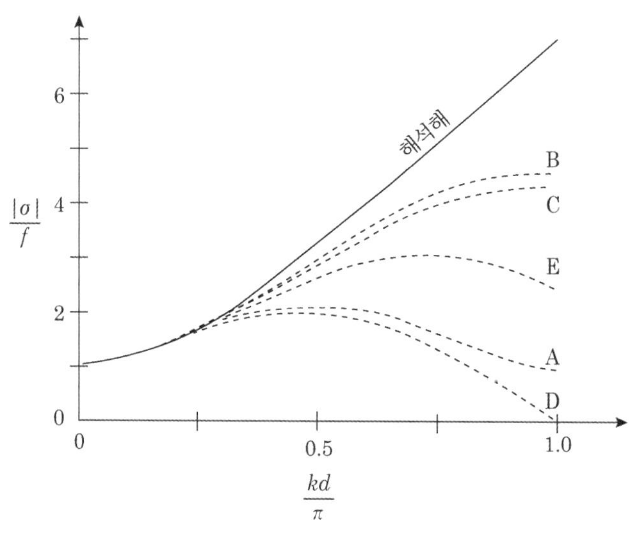

VI. Arakawa-Schubert(AS) 적운대류 모수화

AS 적운대류 모수화 방안은 적운 앙상블(Cumulus Ensemble)과 대규모 주변 환경(Large-Scale Environment) 사이의 상호작용을 모수화하는 방법이다. 이 방안은 대규모 열과 수분의 수지 방정식(Budget Equation)을 세우고 적운들이 포화된 공기, 응결 생성물의 유출, 대류에 의한 침강 과정을 통해 대규모 온도와 수분을 수정한다. 적운 앙상블은 아앙상블(Sub-Ensemble)들로 나뉘는데, 아앙상블은 유입률(λ)로 특징되는 구름형(Cloud Type)이다. 주변 환경의 연직 구조는 구름 밑, 구름의 열역학적 성질, 각 아앙상블의 부력이 없는 고도에 따라 정규화되며, 이 구조는 구름의 연직 질량 플럭스를 결정한다. 대규모 역학과 물리 과정은 구름 밑의 연직 질량 플럭스가 아앙상블들에 어떻게 분포되는지를 결정한다.

대규모 환경과 적운을 연관시키기 위해 구름 일함수(Cloud Work Function)를 정의한다. 구름 일함수(A)는 부력에 의한 운동에너지의 생성률로서 적운 앙상블과 대규모 과정으로부터 영향을 받는 주변 환경의 연직 구조에 의해 결정된다. 한 개 구름의 구름 일함수는 연직성분 운동방정식에서 유도된다. 제8장의 식 (8.25)에 마찰력을 추가하여 다시 쓰면

$$\frac{1}{w}\frac{d}{dt}(\frac{w^2}{2}) = g\frac{T_c - T_e}{T_e} - F_r \qquad (1)$$

이다. 여기서 마찰력 F_r이 추가되었다. 식 (1)을 건조 정적 안정도 $s = c_{pd}T + gz$를 적용하고 구름의 질량 플럭스 ρ_c를 곱해 주고 p-좌표계에서 표현한 다음, 구름의 깊이, 즉 압력 P_B에서 P_T까지 적분하면

$$\frac{d}{dt}\int_{p_T}^{p_B}(\frac{w^2}{2})\,dp = \int_{z_B}^{z_T}\frac{g}{c_p T}(s_c - s_e)\,\rho_c w\,dz - D \qquad (2)$$

가 된다. 여기서 D는 소멸을 의미한다. 식 (2)에서 질량 플럭스를 $m = \rho_c w$라고 표현하고 구름 밑의 질량 플럭스(m_B)를 사용하면 식 (2)는

$$\frac{d}{dt}(\overline{KE}) = A(\lambda)\, m_B(\lambda) - D(\lambda) \tag{3}$$

으로 쓸 수 있다. 식 (3)의 왼편 $\overline{KE}$는 연직성분의 평균 운동에너지이고 오른편은 아앙상블 유입률의 함수다. 즉, 연직성분 평균 운동에너지의 시간 변화율은 아앙상블 유입률에 의해 결정된다. 그러면 구름 일함수 $A(\lambda)$는 질량 플럭스(m_B)로 정규화한 $\eta = \frac{m}{m_B}$을 사용하여

$$A(\lambda) = \int_{z_B}^{z_T} \frac{g}{c_p T_e(z)}\, \eta(z,\lambda)\, [s_c(z,\lambda) - s_e(z)]\, dz \tag{4}$$

와 같이 정의된다. $A(\lambda)$는 아앙상블의 운동에너지 생성률을 지배하는 부력을 적분한 것이고 이 부력은 구름형 λ에 따른 유입의 영향을 받는다. 적운 앙상블이 유지되기 위해서는 식 (3)의 오른편이 0보다 커야 한다. 즉, 부력이 양의 값이어야 하고 λ형 구름 영역 내에서 $A(\lambda)$는 양의 값이어야 한다는 의미다. $A(\lambda)$의 변화율은

$$\frac{dA(\lambda)}{dt} = [\frac{dA(\lambda)}{dt}]_c + [\frac{dA(\lambda)}{dt}]_L \tag{5}$$

로 나눈다. 식 (5)의 오른편 첫째 항은 다른 λ'형의 구름들에 의해 주변 환경이 수정되어 발생하는 λ형 구름의 $A(\lambda)$ 변화율로서

$$\int_0^{\lambda_{\max}} k(\lambda, \lambda')\, m_B(\lambda')\, d\lambda' \tag{6}$$

이라고 표현되고 여기서 커널(Kernel) 함수 $k(\lambda, \lambda')$은 주변 환경의 연직 구조로부터 결정된다. 식 (5)의 오른편 둘째 항은 적운이 유지되면 대규모 과정에 의하여 $A(\lambda)$는 증가하고 적운에 반대 영향을 준다. 둘째 항의 종관규모 시간이 첫째 항의 주변 환경이 불안정에서 안정으로 회복되는 적응 시간보다 아주 크고 그 적응 과정이 효율적이어서 λ구름이 존재하는 만큼 $A(\lambda) = 0$이라고 가정하면, 적운 앙상블은 준평형(Quasi-Equilibrium) 상태에 도달한다. 그러면 식 (5)는

$$\frac{dA(\lambda)}{dt} = 0 \ \simeq \ [\frac{dA(\lambda)}{dt}]_c + [\frac{dA(\lambda)}{dt}]_L \tag{7}$$

이라고 표현한다. 따라서 식 (7)은 $m_B(\lambda) > 0$과

$$\int_0^{\lambda_{\max}} k(\lambda, \lambda') m_B(\lambda') d\lambda' + F(\lambda) \simeq 0 \tag{8}$$

이라는 조건이 된다. 식 (8)의 커널 $k(\lambda, \lambda')$과 대규모 강제력 $F(\lambda)$를 알면 식 (8)에서 $m_B(\lambda)$가 결정된다. 즉, 대규모 과정 $F(\lambda)$와 구름 질량 플럭스, 유출, 혼합층과 관련된 커널 함수의 적분으로 구성된 식 (8)에서 $m_B(\lambda)$를 결정한다. 구름함수 식 (4)와 부등식인 식 (8)의 준평형 적분방정식으로부터 $m_B(\lambda)$를 구하기 어렵지만, 적당한 초깃값을 주고 반복법을 사용하여 수렴시킨다.

VII. 1차원 미분방정식의 4차원 변분 자료동화

Roger Daley(1991)가 유도한 간단한 1차원 방정식의 4차원 변분 자료동화 문제다. 시간의 일차 함수 $u(t)$의 진동방정식은

$$\frac{\partial u}{\partial t}+i\sigma u=0 \tag{1}$$

이다. 식 (1)은 수치모델의 예측방정식이며 σ는 상수의 주파수다. 식 (1)을 통제함수로 사용하고 비용함수

$$I=\frac{1}{2}\int_0^T w(t)\,[\tilde{u}(t)-u(t)]^2\,dt \tag{2}$$

를 최소화한다. 여기서 $w(t)$는 시간의 가중함수, $\tilde{u}(t)$는 관측, $u(t)$는 예측변수다. 4차원 변분 자료동화는 예측모델 식 (1)을 정확히 만족하는 동시에 식 (2)의 비용함수 I를 최소화하여 예측변수 $u(t)$를 구하는 과정이다.

식 (1)의 해는

$$u(t)=u_0\exp(-i\sigma t) \tag{3}$$

이다. 여기서 u_0는 $t=0$에서의 값이다. u_0를 통제변수로서 정의하고 비용함수

$$I=\frac{1}{2}\int_0^T w(t)\,[\tilde{u}(t)-u_0\exp(-i\sigma t)]^2\,dt \tag{4}$$

를 통제변수(u_0)에 대해 미분하면

$$\frac{\partial I}{\partial u_0}=-\int_0^T \exp(-i\sigma t)\,w(t)\,[\tilde{u}(t)-u(t)]\,dt \tag{5}$$

가 된다. 식 (5)는 식 (1)을 다시 넣은 것이다. 이제 새로운 함수를 도입한다.

$$I_1 = \frac{1}{2}\int_0^T w(t)\,[\tilde{u}(t) - u(t)]^2\,dt + \int_0^T \lambda(t)\,[\,\frac{\partial u}{\partial t} + i\sigma u]\,dt \tag{6}$$

식 (6)의 둘째 항은 통제함수에 시간 변화의 라그랑주 승수(Lagrange Multiplier) $\lambda(t)$를 적용한 것이다.

I_1의 변분 δI_1은

$$\delta I_1 = \int_0^T (-w(t)(\tilde{u}(t) - u(t)) + i\sigma\lambda - \frac{\partial \lambda}{\partial t})\delta u + ((\frac{\partial u}{\partial t} + i\sigma u)\delta\lambda)dt + [\lambda\delta u]_0^T \tag{7}$$

이다. 경계조건 $\delta u(0) = 0$, $\delta u(T) = 0$, 또는 $\lambda(0) = 0$, $\lambda(T) = 0$을 주고 I_1의 변분 δI_1이 0이 되도록 I와 I_1의 최솟값을 찾으면 각각

$$\frac{\partial u}{\partial t} + i\sigma u = 0 \tag{8}$$

$$\frac{\partial \lambda}{\partial t} - i\sigma\lambda + w(t)\,[\tilde{u}(t) - u(t)] = 0 \tag{9}$$

이 된다. 식 (8)과 식 (9)를 사용하여 I를 최소화하는 u_0를 결정하는 것이다. 식 (8)은 수치모델 식 (1)과 같고, 식 (9)는 λ의 비균질 방정식으로서 $\tilde{u}(t)$와 $u(t)$ 사이를 $w(t)$로 가중하여 강제한 것이다. 식 (9)에서 $\frac{\partial \lambda}{\partial t} - i\sigma\lambda = 0$은 식 (1)과 같으며 원 방정식에 대응하는 접선방정식, 즉 접선모델이다.

$\frac{\partial I}{\partial u_0}$를 찾기 위해 식 (8)을 $t = 0$에서 $t = T$까지 전방 적분(Forward Integration)하여 $u(t)$를 구한다. 그리고 식 (9)를 $t = T$에서 $t = 0$까지 후방 적분(Backward Integration)한다. 식 (9)의 비균질 항은 전방 적분 과정에서 계산된 $w, \tilde{u}, u$를 사용한다. $\lambda(t) = \exp(-i\sigma t)$를 정의하여 식 (9)의 해 $\lambda(t)$는 경계조건 $\lambda(T) = 0$을 사용하여

$$-\frac{\partial I}{\partial u_0} = \lambda(0) = \int_0^T \exp(-i\sigma t)\,w(t)\,[\tilde{u}(t) - u(t)]\,dt \tag{10}$$

이다. $\dfrac{\partial\lambda}{\partial t}-i\sigma\lambda=0$의 해는 $\lambda(t)=\lambda(0)\exp(i\sigma t)$이고, $\lambda(0)=\lambda(t)\exp(-i\sigma t)$가 되어 식 (4)와 같다. u_0로부터 식 (8)을 전방 적분하고 식 (9)를 후방 적분하여 경도 함수(Gradient Function)를 구하여 새로운 u_0를 찾는다. 다시 새로운 u_0를 얻기 위해 식 (7)과 식 (8)을 반복 적분하면서 I가 최소가 될 때까지 반복한다.

참고문헌

김정우, 2007, 대기역학의 원리와 어림, 시그마프레스.

이우진, 2006, 컴퓨터와 날씨예측, 광교이택스.

제임스 홀튼, 한국기상학회 옮김, 2014, 대기역학, 시그마프레스(James Holton의 *Introduction to Dynamic Meteorology* 번역서).

한국기상학회, 2003, 대기과학개론, 시그마프레스.

한국기상학회 · 기상청 편, 2014, 대기과학용어사전, 시그마프레스.

Bauer, P., A. Thorpe, and G. Brunet, 2015, "The quiet revolution of numerical weather prediction," *Nature*, 525, 47–55.

Benjamin, S. G., J. M. Brown, G. Brunet, P. Lynch, K. Saito, and T. W. Schlatter, 2019, "100 Years of Progress in Forecasting and NWP Applications," *Meteorological Monographs*, 59, 13.1-13.67.

Brauer, F., J. Nohel, and H. Schneider, 1970, *Linear Mathematics: An Introduction to Linear Algebra and Linear Differential Equations*, W.A. Benjamin, Inc.

Chang, J., 1977, *General Circulation Models of the Atmosphere, Volume 17. Methods in Computational Physics*, Academic Press.

Coiffier, J., 2011, *Fundamentals of Numerical Weather Prediction*, Cambridge University Press.

Dahlquist, G. and Å. Björck, 2003, *Numerical Methods*, Courier Corporation.

Daley, R., 1991, *Atmospheric Data Analysis*, Cambridge University Press.

Haltiner, G., 1971, *Numerical Weather Prediction*, Wiley.

Haltiner, G. J. and R. T. Williams, 1980, *Numerical Prediction and Dynamic Meteorology*, Wiley.

Holton, J. and G. Hakim, 2012, *An Introduction to Dynamic Meteorology*, 5th edition, Academic Press.

Kalnay, E., 2003, *Atmospheric Modeling, Data Assimilation, and Predictability*, Cambridge University Press.

Kasahara, A. and K. Puri, 1981, "Spectral representation of three-dimensional global data by expansion in normal mode," *Monthly Weather Review*, 109, 37-51.

Katsafados, P., E. Mavromatidis, and C. Spyrou, 2020, *Numerical Weather Prediction and Data Assimilation*, Wiley-ISTE.

Krishnamurti, T. N. and L. Bounoua, 1996, *An Introduction to Numerical Prediction Techniques*, CRC Press.

Lynch, P., 2002, "Weather Forecasting From Woolly Art to Solid Science," in *Meteorology at the Millennium*, edited by R. P. Pearce, Academic Press.

Lynch, P., 2006, *The Emergence of Numerical Weather Prediction: Richardson's Dream*, Cambridge University Press.

Mesinger, F. and A. Arakawa, 1976, *Numerical Methods Used in Atmospheric Models*, World Meteorological Organization.

Nebecker, F., 1995, *Calculating the Weather, Meteorology in the 20th Century*, Academic Press.

Palmer, T. N., 2002, "Predicting Uncertainty in Numerical Weather Forecasts," in *Meteorology at the Millennium*, edited by R. P. Pearce, Academic Press.

Park, S. K. and M. Zupanski, 2022, *Principles of Data Assimilation*, Cambridge University Press.

Pielke, R. A., 1984, *Mesoscale Meteorological Modeling*, Academic Press.

Richardson, L. F., 2007, *Weather Prediction by Numerical Process*, 2nd edition, Cambridge University Press.

Richtmyer, R. D. and K. W. Morton, 1967, *Difference Methods for Initial Value Problems*, Wiley.

Sabot, G., 1995, *High Performance Computing: Problem Solving with Parallel and Vector Architectures*, Addison-Wesley Publishing Company.

Smith, G. D., 1985, *Numerical Solution of Partial Differential Equations: Finite Difference Methods*, Oxford University Press.

Stensrud, D. J., 2009, *Parameterization Schemes: Keys to Understanding Numerical Weather Prediction Models*, Cambridge University Press.

Thiébaux, H. J. and M. A. Pedder, 1987, *Spatial Objective Analysis: With Applications in Atmospheric Science*, Academic Press.

Thompson, P. D., 1961, *Numerical Weather Analysis and Prediction*, MacMillan.

Warner, T. T., 2010, *Numerical Weather and Climate Prediction*, Cambridge

University Press.

Washington, W. M. and C. Parkinson, 2005, *Introduction to Three-dimensional Climate Modeling*, 2nd edition, MIT Press.

찾아보기

[ㅈ]

[ㅊ]

[ㅌ]

[ㅍ]

[ㅎ]